哈佛
凌晨四点半

哈佛大学送给青少年的成长秘诀

白金版

时代出版传媒股份有限公司
北京时代华文书局

图书在版编目（CIP）数据

哈佛凌晨四点半 / 韦秀英编著 . -- 白金版 . -- 北京：北京时代华文书局，2015.7

ISBN 978-7-5699-0270-9

Ⅰ . ①哈… Ⅱ . ①韦… Ⅲ . ①成功心理－青少年读物 Ⅳ . ① B848.4-49

中国版本图书馆 CIP 数据核字 (2015) 第 136510 号

哈 佛 凌 晨 四 点 半 · 白 金 版

著　　者	韦秀英	
出 版 人	田海明　朱智润	
选题策划	胡俊生	
责任编辑	胡俊生　李　荡	
装帧设计	程　慧　赵芝英	
责任印制	刘　银	

出版发行 | 时代出版传媒股份有限公司 http://www.press-mart.com
北京时代华文书局 http://www.bjsdsj.com.cn
北京市东城区安定门外大街 136 号皇城国际大厦 A 座 8 楼
邮编：100011　电话：010 - 64267955　64267677

印　　刷 | 北京中科印刷有限公司　69590320
（如发现印装质量问题，请与印刷厂联系调换）

开　　本 | 787×1092mm　1/16

印　　张 | 16

字　　数 | 228 千字

版　　次 | 2015 年 7 月第 1 版　2016 年 11 月第 8 次印刷

书　　号 | ISBN 978-7-5699-0270-9

定　　价 | 32.00 元

前 言
PREFACE

哈佛大学，一个伟大而又熟悉的名字！她就像一颗璀璨的明珠，镶嵌在美国马萨诸塞州，成为万千学子心目中的梦想圣殿。在美国，哈佛大学被称为"思想的宝库"，无论历史与学术地位、名气与影响力，还是师资力量与学生素质，都堪称世界一流！

你知道吗？迄今为止，哈佛大学已经培养出8位美国总统、34位诺贝尔奖获得者、32位普利策奖获得者，另外包括微软、Facebook、IBM等商业奇迹的缔造者，也出自鼎鼎大名的哈佛大学。为什么哈佛大学能够高居世界名校之首，并且能够培养出如此多的政界领袖和商业巨子呢？这与其辉煌的教育成果与杰出的教育方法有着很大的联系，正如一位哈佛教授所说："人才的培育与成长，并不在于方法，而在于观念；并不完全依靠勤奋，而主要靠思想。"这些都是哈佛的独特教育魅力所在！

当你走进哈佛大学，就会看到无数座新英格兰红砖建筑的图书馆，它们代表着哈佛精神以及人类的文明进程。无论灯火通明的哈佛图书馆，还是学院的各个角落，你都能看到埋头苦读的哈佛学子。他们穿着朴实，认真而专注地学习，为了自己的梦想而努力奋斗。

在哈佛，学生总是不分昼夜地学习，哪怕是在半夜或者凌晨，你也能够看到校园里一片灯火辉煌。英国一家电视台就曾经进入哈佛大学，录制了一期名为《哈佛凌晨四点半》的节目，从中我们看到了哈佛一个普通的凌晨四点半——那时候的哈佛图书馆里面，已经坐满了认真学习的学生。他们埋头看书、专心做笔记、积极地思考问题，努力奔跑在实现梦想的路上。

有人说，每一位哈佛学子都是一座移动的图书馆，他们学习的地方绝不局限于教室，像学生餐厅、走廊，甚至是医疗室里，都能够看到认真学习的哈佛学子。他们将所有可以利用的时间都花在了学习上，那种强烈的学习气氛感染着所有的哈佛学子。

你知道是什么让哈佛学子如此勤奋努力地学习吗？因为在哈佛大学，教授对学生们说得最多的一句话就是："如果你想在毕业以后，在任何时间、任何地点都如鱼得水，并且得到大众的欣赏，那么你在哈佛求学期间，就不会拥有闲暇的时间去晒太阳！"这就是哈佛精神的完美体现。要知道，在追求成功的道路上，有千千万万和你同样优秀的竞争者，如果你不全力以赴，不付出更多的努力，又凭什么成为最后的成功者呢？

哈佛学子勤奋努力、自信热忱，懂得创新与行动，也懂得如何抓住机遇，这样的学习态度能够帮助他们获取更多的知识，培养更多的能力，最终成为更加优秀的人才。这也让我们知道，最优秀的人往往不是"天才"，而是愿意付出更多努力的人！

本书汇集哈佛大学顶级的教育理念，从人生智慧、优秀品质、爱与幸福等多个角度，充分诠释了哈佛大学教育的精髓所在，触及人生最朴素的感情和最本质的人性，深入浅出，挖掘出成长路上最丰富也最行之有效的成功内涵，其中还包括哈佛教授和哈佛学子的成长故事，以及一些实用的学习方法。我衷心希望青少年朋友能够通过阅读本书，体会到哈佛学子身上的优秀品质，并且将其融入到自己的生命中，为自己开启成功的大门，与哈佛学子一路同行，与哈佛学子共同成长！

如今梦想已经起航，你已经踏上了远大的征途，那么就从现在开始努力吧！

编者

目 录
CONTENTS

|第八章|
举重若轻的考试之旅：分数并不是终点

|第九章|
不可低估的失败价值：自怨自艾不如越挫越勇

|第十章|
迎风向前的自我超越：千万不要满足于当下

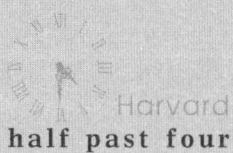

　　每个人都有自己的梦想，或是天马行空般绚烂，或是惊世骇俗般精彩，或是默默无闻般平凡，但只要是积极向上的梦想都值得被实现。没有做出规划的梦想是难以实现的，它也许会与现实背道而驰。哈佛倡导我们去重视自己的梦想，做出一切努力来增加它变成现实的可能性。

第一章

随机应变的人生规划：
让梦想走在现实的路上

没有什么比明确的目标与可行的计划更重要

> 一个人可以非常清贫、困顿、低微，但是不可以没有梦想。只要梦想存在一天，就可以改变自己的处境。
>
> ——奥普拉·温弗瑞

◎读一读，想一想

多年以前，哈佛教授曾带领一个行为调查小组，对100名新生进行了抽样调查。调查小组向每一位新生提出一个同样的问题："10年以后，你希望自己在什么地方，从事什么工作？"这些学生给出了不同的答案，有的希望得到财富和荣誉，有的希望改变世界，还有的希望成为医生、老师或科学家。

对于这些新生的回答，调查小组并没有感到奇怪，因为这些新生都是出类拔萃的顶尖人才，否则也不可能被哈佛录取。在这100位新生中，还有10位决心改变世界，而且将自己的梦想与计划清清楚楚地写了出来，其中包括自己在什么时候将取得什么样的成就，取得这些成就的理由又是什么——其他90位新生并没有这样做！

10年之后，调查小组发现，那10位拥有远大而清晰目标的新生，个个都取得了非凡的成就。他们的财富加起来，竟然占到那100位学生财产的96%，也就是说，他们的成功率超过其他新生整整10倍。最后哈佛教授与调查小组共同得出结论：确定明确的目标与制订可行的计划，是实现梦想的两个基本步骤。没有目标就像失去了引航的灯塔，再努力也只是四处乱撞；没有计划就失去了行动的指南，梦想再美好也无法正式起航。

美国保险业之父格莱恩·布兰德，在自己的著作《一生的计划》中写道："目标和计划是通向快乐与成功的魔法钥匙！有明确的学习目标和计划，并把它们写下来付诸行动的人，他们将来的成就是有目标和计划但仅停留在脑子里或纸上的人的10~50倍。"

明确的目标与可行的计划真的那么重要吗？看完下面这个故事你就明白了。

有一对年轻的夫妇，他们有两个可爱的孩子，小的叫迈克尔，大的叫莎拉。两个孩子都很喜欢小动物，于是在迈克尔4岁、莎拉6岁的时候，夫妇俩决定为他们养一条小狗。小狗被抱回来以后，夫妇俩还专门聘请了一位驯兽师来训练它，希望小狗能够变得乖巧听话。

当驯兽师见到小狗时，问夫妇俩："小狗的目标是什么？"

夫妇俩感到十分诧异，一脸疑惑地说："一只小狗能有什么目标啊？它的目标肯定就是做一只小狗了。"他们实在想不出，一只小狗还能有什么目标。

驯兽师却严肃地摇了摇头，说："每只小狗都必须有一个目标，否则我们根本没办法训练它。你们是想训练它守门，还是和孩子们一起玩耍呢？或者只是作为一只宠物？你们必须给我一个明确的回答，这些就是小狗的目标。"

"那就把它训练成两个孩子的玩伴吧！"夫妇俩同时答道。

驯兽师点了点头，然后通过自己的精心引导，将那只小狗成功地训练成两个孩子的好朋友。它的举止可爱，品性忠诚，而且具有敏锐的洞察力。就这样，小狗成了这个家庭的一分子，伴随着两个孩子一起成长。

更为重要的是，通过驯兽师的启发，还让夫妇俩学会了怎样教育自己的孩子，怎样为他们树立明确的目标，让两个孩子知道自己应该做什么。夫妇俩的教育也没有令人失望，小莎拉长大后成了一名出色的电台主持人，而迈克尔成了纽约第108任市长——迈克尔·布隆伯格。两个孩子成了两位成功者，他们却始终记得驯兽师说过的那句话："一只小狗也要有自己的目标，更何况一个人呢？"

伟大的爱因斯坦曾经说过："在一个崇高的目标支持下，不停地工作与学习，就算很慢，也一定会获得成功的。"可见目标与规划对于实现梦想有多么重要。

哈佛学子都懂得规划自己的人生，他们知道自己现在应该做什么，接下来应该做什么，将来应该做什么，虽然这样的人生规划可能会发生变动，但是方向却是始终不变的。当然，规划也不是简单地列计划，同时你还必须注意——

给自己制定一个目标

目标就像海上的明灯，是一个人行动的指南。如果没有目标，我们就会像海上盲目漂泊的船只一样，永远也靠不了岸。还记得2014年的奥斯卡最佳影片《地心引力》吗？所有的宇航员都只有一个目标，那就是返回地球，如果他们没有这个目标，那么就会被茫茫的太空所吞噬。所以说，规划人生的第一步，就是给自己制定一个目标。

根据目标制订实行计划

有了目标之后，就要确定怎么去实行，这就好比运动员有了目标之后，如果不进行相应的刻苦训练，就无法取得金牌一样。当有了目标之后，还必须给自己制订行动计划，也就是列举出实现目标的每一小步。

为实现目标积累资源与条件

如果你想把自己制订的每一步计划都顺利地完成，那么还需要很多现实的资源与条件，这也很好理解，比如你要上战场杀敌了，可是手中没有刀枪剑戟，又如何杀敌制胜呢？为实现目标积累资源与条件，它们可以是知识、智慧，也可以是现实中的某种技能。

马上付诸现实行动

行动是把目标变成现实的唯一途径，如果没有行动，目标永远只是目标，而不会变成现实。

◎哈佛成功指南

成功的人之所以成功是因为他们只想自己要的，而不将一丁点儿时间和精力浪费在自己不想要的东西上。因此，每个人都要明确自己要达到的目标和彼岸，要抓住主要矛盾，做好当下最要紧的事情。就像春天要播种，夏天要成长，秋天要收获，冬天要休整一样，这才是智者的选择。成功的人生永远只属于那些有高远的目标、有心无旁骛的精神和奋勇向前的干劲的人！要时刻抵御海妖塞壬姐妹的歌声，时刻修建主干旁边的枝枝蔓蔓，这样才能实现目标，赢得辉煌！

◎哈佛心理研究院

你是一个有计划的人吗？

现在，你站在一间没有任何装饰的房间内。你刚刚乔迁至此，这间房子里除了你别无他物。因此，你决定在墙上装饰一点东西。你走到街上，看到照片、挂历、画、挂钟，每一样都非常精美。你会选择哪一件装饰这间房子呢？

A. 照片

B. 挂历

C. 画

D. 挂钟

结果分析

选择A：选择照片的人希望发生戏剧化的"事件"，你对每件事都充满好奇，但大多数时候很在意别人的目光，故而常常流于追逐时尚。你容易冲动，没有耐性，与"计划"一词无缘。

选择B：选择挂历的人比较虚荣、贪心。行为举止往往不事修饰，做事冲动而不顾危险。既不按计划行事，也没有实际操作的经验。由于贪心作祟，制订出来的计划往往是不切实际的。

选择C：选择绘画的人缺乏现实观念。即使开始做一件事，由于没有计划能力，在希望与现实之间总是有差距。实现愿望的行动力总是不够，但有时却能够如愿。

选择D：选择挂钟的人是在做某事之前，一定要详细计划的那种人，不这样就会觉得不放心。因此，当你行动时，已有相当成熟的计划。就连买一件衣服，也会预先从颜色到样式、价格等方面进行比较。不过，在处理突发事件上往往缺乏灵活性。

自知之明是通往坦途的指南针

> 一个没有自知之明的人，无论何时何地总会有无数的坎坷与障碍在等待着他。
>
> ——拉尔夫·沃尔多·爱默生

◎读一读，想一想

每个人都拥有自己的梦想，无论它是平凡的还是伟大的，都像一盏耀眼的明灯，指引着人们前进的方向。对于没有梦想或者梦想不明确的人来说，未来却是迷茫的。

我们看到，在追求梦想的路上，有人进入迷乱的森林不知该去往何处，有的人艰难地爬到半山腰却半途而废，有的人走到了路的尽头却发现是条死路……那么在茫茫人生路上，如何才能让自己的梦想实现呢？

哈佛大学的一项研究表明，很多人之所以会一事无成或者自暴自弃，很大一部分原因都是因为对自己没有清楚的认识。他们不知道自己擅长什么，也不知道自己想要什么，在追求梦想和成功的过程中，一开始就选错了道路。如果方向错了，那么前进不如停止，甚至等于在倒退。因此，不管你现在做什么，以后想要做什么，首先都要对自己有一个清楚的认识，知道自己想要什么，擅长什么，而不是在他人的议论中迷失了自己。

被誉为"哈佛明珠"的大文学家爱默生说过："一个没有自知之明的人，无论何时何地总会有无数的坎坷与障碍在等待着他。"为了让哈佛学子拥有"自知之明"，能够清楚地知道自己想要什么，能够准确地找准人生的定位，哈佛教授经常会给学生们说一些"认清自己"的小故事，其中有一个比较经典的小故事是这样说的：

在公园里，各种各样的花草树木缤纷亮相，其中有苹果树、梧桐树、橡树，还有玫瑰花、郁金香和栀子花，让整个公园生机盎然、花果飘香。

然而，却有一棵小树苗，总是郁郁寡欢。它不知道自己是谁，以后要成为什么。看着参天大树它很羡慕，看着果实累累它很憧憬，看着花儿绽放它也想怒放。再加上，公园里其他植物你一言我一语地向它推荐，更加让小树苗困惑了。

苹果树对它说："你如果像我一样努力生长，就一定会结出美味的苹果来，你看看我，结出了这么多苹果，人们多喜欢我啊！"

听了苹果树的话，小树苗似乎有了方向，可是慢慢地它发现，自己已经够努力了，可是却不能像苹果树一样结出果实。

这时候，玫瑰花对它说："你别听苹果树的，要长出苹果来多不容易啊！你看看我，开出玫瑰花来才好呢！我虽然没有果实，可是我的花朵这么漂亮，人们更加喜欢我呢！"

小树苗又改变方向，希望自己能像玫瑰一样，开出绚烂无比的花朵。但是，它越是想这样，就越觉得力不从心。

有一天，一只鸟飞到了公园中，落在了小树苗上，它看着小树苗闷闷不乐，便询问它不开心的缘由。

小树苗把自己的苦恼告诉了小鸟，小鸟听了之后说："其实，你应该对自己进行一个全面而正确的认识，不要总想着模仿别人，也不要总活在别人的期许中。每个人都有不一样的人生之路，你要明确自己真正擅长的是什么，真正想要的又是什么，这样你才能健康地成长，走出自己的一片天，长出自己想要的样子。"

小鸟的话让小树苗豁然开朗。它敞开自己的心扉，细细审视自己，认真思考自己的特点和内心最真实的追求。终于明白自己是一棵不会结出果实也不会绽放花朵的树木，它所能做的是努力成长，为人们撑开一片绿荫。很快，它就长成了一棵挺拔的大树，每一个乘凉的人都对它青睐有加。

看完这个故事，你有什么感想呢？其实哈佛教授只是为了让学生明白，想要正确树立自己的梦想，成就最伟大的事业，就不要迷失自己，也不要对自己有错误的判断。在开始奋斗之前，一定要对自己先有一个正确而全面的评估，以后的人生路才会走得顺畅而快乐。

尤其是激情高涨、雄心勃勃的青少年朋友们，你们的梦想如此美好，你们对未来、对生活充满了憧憬。那么，怎样才能明确自己究竟想要什么，走好自己的人生之路呢？我想，我可以告诉你以下几件事情：

你的梦想最好与自己的兴趣爱好相结合

当你做自己感兴趣的事情时，总会拥有无穷的力量，并且会感到很快乐。因此，你应该根据自己的兴趣爱好与特长，找到理想与兴趣爱好的结合点，扬长避短，树立正确的人生目标。如果你思维逻辑缜密，可以考虑往数学方面发展；如果你喜欢音乐就试着报个音乐学院；如果你喜欢美术，就试着去关注美术专业；如果你擅长演讲，就可以往培训师方向发展。

要学会务实，不要混淆了理想和白日梦

白日梦是一种幻想，青少年要追求并努力实现梦想，就必须要先从消灭幻想开始。要知道，生活中，包括了千头万绪，也充满了种种变数和种种偶然性，但它并不受制于这些情况，它是有一定的规律可以遵循的。所以，你不能为了那些飘忽不定的白日梦而浪费时日。因为梦想是行动的前提和动力，如果一个人的梦想是不切实际的，甚至是杂乱不堪的，那么后果一定会不堪设想。哈佛教授也经常教育学生："不要做'白日梦'，不要整天想着那些不切实际的梦想，而应该实实在在，为那些有可能实现的梦想去努力、去奋斗。"

有必要提前做好"圆梦规划"

梦想给了你方向和力量，可是它毕竟在很遥远的未来，你必须为此走很长一段路，这段路就叫作成长。当然，你可以先设想一下：未来的某一天，你在家人、老师和同学的欢呼声中，终于实现了自己的远大梦想……可是在这之前呢？你必须为了自己的梦想付出很多汗水和努力，必须不断跌倒、不断爬起，必须提前做好"圆梦规划"，然后才能一步步前进！

要学会正确认识挫折

实现梦想的道路永远不会是平坦的，总会遇到挫折和困难，这些都是不可避免的。当你遇到挫折与困难的时候应该怎么办？当然不能因为感到困难而怀疑自己的梦想，而应该调整好自己的心态，正确地认识挫折与困难。在这个世界上，没有什么是一蹴而就的。只要你认清了自己，知道自己的选择是正确的，就一如既往地勇往直前吧！

◎哈佛成功指南

一位哈佛毕业生曾经说过一段非常经典的话："如果我不知道自己到底想要什么，就不知道自己该去追求什么。如果我不知道该去追求什么，那么，我就不得不傻傻地等着、盼着，靠生活的残羹冷炙过活。"由此可见，认识自己的需求，了解自己真正想要什么，也是获得成功的前提条件。在树立远大的梦想之前，一定要有"自知之明"，它就是通往坦途的指南针。如果你要收获自己的别样人生，就需要走自己的道路，并且毫不妥协地去追寻。一个没有自知之明的人，不知道自己想要什么、追求什么，他又如何树立自己的目标与梦想呢？只有认清自己的情况，树立一个切实可行的梦想，才有实现的可能。

◎哈佛心理研究院

你知道自己的梦想有几分吗？

"是"得1分，"否"得0分。

为了让你对自己的梦想更加了解，请你和爸爸妈妈一起来做下面的测试，让他们来提问，你来回答，再让他们根据你的真实情况来打分：

1. 如果你的梦想实现了，你将是世界上最快乐的人。
2. 你把自己的梦想告诉了身边的人，包括你的家人、老师和朋友。
3. 当你的梦想遭到别人的质疑时，你依然会坚持自己的梦想。
4. 你已经将自己的梦想写了下来，包括主要的目标和计划。
5. 你每天都在思考自己的梦想，包括每天睡觉和醒来的时候都想着它。
6. 为了实现自己的梦想，你已经对自己的生活和学习做出了一定的改变。
7. 你愿意为了实现自己的梦想，去做一些特别困难的事情。
8. 如果你的梦想实现了，你能说出除你之外将受益于你的梦想的人的名字。
9. 就算你的梦想最后没有实现，你也觉得自己付出的努力是值得的。
10. 你为自己的梦想至少坚持了一年的时间。

结果分析

1~3分：你的"梦想"可能只是一时兴起的想法，并没有考虑太多，所以要花点时间反思一下，什么才是你真正的梦想。

4~6分：你对梦想的认识是模糊的，虽然心里想那样做，也给自己定下了具体的目标，可是没有落实到具体的细节。

7~9分：相信你已经为自己的梦想付出了一定的努力，只要坚持下去，努力克服重重困难，就有机会实现自己的梦想。

10分：恭喜你对自己的梦想认识清晰，也知道怎样去做，相信你坚持下去，就能够看到自己的梦想结出果实。

绝不能随意丢弃信念

> 喷泉的高度不会超过它的源头，一个人的事业也是这样，他的成就不会超过自己的信念。
>
> ——亚伯拉罕·林肯

◎读一读，想一想

在哈佛校园里流传着这样一句话："拥有什么样的信念，就会拥有什么样的结果。"你能够理解这句话的意思吗？一个人所创造出来的结果，往往是通过行为产生的，而一个人的行为通常会受到信念的支配。

什么是信念？当我们从字面上来理解"信念"时，会发现特别有意思。其中，"信"指的是我们所说的话，而"念"就是指今天的心。那么，"信念"两个字合并起来，就可以理解为是"今天我的心对自己说的话"了。强烈的信念是实现梦想的动力源泉，因为它能够激发人们的潜在力量，帮助人们更加积极地思考问题、解决问题。比如在你一无所有的时候，信念能够给你坚持的勇气，让你重新站立起来，继续努力奋斗。

我曾经看过这样一个关于"信念"的故事：

一支探险队进入了撒哈拉大沙漠，队员们在大沙漠里负重跋涉。他们口渴难耐，而且心急如焚。这时，队长拿出一只水壶，对队员们说："我这里还剩一壶水。但是，在穿越沙漠之前，谁也不可以喝。"就这样，这壶水成了探险队穿越沙漠的信念，成了他们求生的寄托。水壶不断地在队员们的手中传递着，这份沉甸甸的感觉，让队员们看到了生机。最终，他们顽强地走出了沙漠。大家喜极而泣，当拧开那个壶时——从里边缓缓流出来的，却不是水，而是满满的一壶沙子！

可见，信念的力量是如此巨大，它就像一支火把，能够点燃一个人的无限潜能和激情。很多时候，你也拥有自己的信念，只是还不够坚定，常常因为一些外在的因素或者内心的畏惧而轻易放弃，这些都会阻碍你的成功，让你止步不前，甚至不断后退。因此，无论你的梦想是什么，都必须坚定自己的信念，而不是随意丢弃。

信念会产生巨大的力量，引领着你一步步向成功靠近！当你拥有了坚定的信念之后，一切艰难险阻都会变得微不足道。青少年也必须明白，实现梦想的过程是非常艰辛的，通往梦想的道路也是荆棘丛生，常伴有险阻和急流。但是在我们身边，那些信念坚定、意志坚强、不畏艰险的人，最终都取得了胜利。这样的例子并不少见。因此，实现理想的普遍法则便是：以信念追求理想、以艰辛换取成功！当你因为现实的困难想要放弃时，一定要告诉自己："理想可以调整，但是信念不能放弃。"

实现梦想需要坚持，只要你能够找到坚持的信念，就能够将黑夜变成白昼。可是，当你感到疲惫、迷茫的时候，又如何去学会坚持呢？

要有必胜的信念

无论生活给了你一张怎样的试卷，你都要有坚定的信念，交出一份最好的答卷。不管遇到什么事情，都不能气馁，不能轻言放弃，要相信坚持到底，成功必然属于自己。

要学会自我疏导

当困难和失败与你不期而遇的时候，你一定要学会自我疏导，要将所有悲观的情绪化成乐观的情绪，要拥有战胜困难和失败的勇气，绝对不能认输，不能坐以待毙。

要学会自我安慰

当失败降临的时候，你应该努力使自己心理平衡，要学会给自己减轻压力和挫败感，不要沉溺在失败中无法自拔。

要学会重新出发

失败了并不可怕，只要你重新鼓起勇气，再次出发，总能将失败踩在脚下。

◎哈佛成功指南

哈佛大学有这样一句催人奋进的经典格言："坚持，坚持，再坚持，最后胜利一定会属于你！"哈佛学子也经常会用这句格言来激励自己，当他们在追求梦想的过程中遇到困难或挫折时，总会寻找坚持下去的勇气和信念。无论是谁，想要实现自己的梦想，都要经过漫长的黑夜，几乎没有一个人能够逃脱失败的困扰。面对这样的情况，你要做的就是坚持，绝不能随意丢弃自己的信念！哈佛一个寻梦的地方，每一位哈佛学子都有自己的远大梦想。不过，就算是哈佛学子，也只有一部分实现了自己的梦想。大多数人没能实现自己的梦想，而是站在成功的门口，都是因为放弃了自己的信念。

◎哈佛心理研究院

你拥有实现梦想的必胜信念吗?

请对下面的题目作出"是"或"否"的回答。

1. 制定的目标就一定要实现。

2. 成功是我的主要目标。

3. 心中思考的事情往往立即付诸实践。

4. 对我来说，做一个谦和宽容的胜利者与获得胜利同样重要。

5. 不管经历多少次失败也毫不动摇。

6. 谦虚常常比吹嘘获得更多的益处。

7. 我的成就是不言自明的。

8. 我实现目标的愿望比一般人更强烈。

9. 我认为只要做就必然能成功。

10. 他人的成功不会诋毁我的成功。

11. 我所做的工作本身蕴含着价值，我并不是为了奖赏而工作。

12. 我有自己独特的其他任何人都不具备的优点。

13. 我认准的事情坚决干到底。

14. 我对工作的集中力高、持久性好。

15. 即使一闪而过的念头，我也往往会马上去做。

16. 失败不能影响我的真正价值。

17. 对自己的评价不受别人的观点左右。

18. 信赖他人，一起合作。

19. 一件一件地实现要做的事情。

20. 为了实现目标往往全力以赴。

21. 相信自己有应付困难的能力。

22. 常常盼望良机来临。

23. 很少对自己有消极想法。

24. 与专心思考相比，更多的是身体力行。

25. 目标一旦确定，马上实施。

26. 一直得到许多人的帮助。

27. 尽可能充分利用自己的才干与才能。

结果分析

上面的题目，回答"是"计1分，"否"计0分。然后将各题的得分相加，统计总分。

0~5分：说明你实现目标的信念很低。

6~11分：说明你实现目标的信念较低。

12~17分：说明你实现目标的信念一般。

18~23分：说明你实现目标的信念较高。

24~27分：说明你实现目标的信念很高。

哈佛不一定是最好的人生规划

> 确定了人生目标的人，比那些彷徨失措的人，起步时便已领先几十步。有目标的生活，远比彷徨的生活幸福。没有人生目标的人，人生本身就是乏味无聊的。
>
> ——戴尔·卡耐基

◎读一读，想一想

"你的梦想是什么？"当别人问起这个问题的时候，你的脑海中第一时间会出现什么？是漫无边际的外太空，还是装满各种机器的实验室？是碧海蓝天下的巨型舰艇，还是一座高高耸立的学府——哈佛大学？每个人都有自己的梦想，而且每个人的梦想都是千奇百怪的，如果没有一个很好的"人生规划"，恐怕人们很难说得清楚自己的梦想到底是什么？

"人生规划"是一个什么样的概念？在美国，它是教育的一项基本举措，孩子们从6岁开始就会被有效引导。但对于国内大多数中学生和大学生来说，它太过遥远和陌生。而哈佛——对于全世界的学子来说都是非常憧憬和向往的地方！它是美国最早的私立大学之一。总部位于波士顿的剑桥城，它的前身哈佛学院始建于1836年。每年想要考入哈佛的学生多如牛毛，如果你以后有幸成为哈佛学子，就好比登上了埃及的金字塔塔尖一样。很多学生都把"考入哈佛"当成自己的梦想。

不过，绝大多数的学生只顾埋头拉车，不管方向如何。而人生规划，恰是让学生在受教育过程中，逐渐发现特长、兴趣，并积极发挥优势。如果所有学生都能够接受这样的帮助，肯定能明确目标，并树立自信，懂得为自己读书。而缺乏这种意识的学生，高中时或许用功，但到了大学，在宽松的氛围中，立即变得懒散。因为很多同学的潜意识里，学习是痛苦的，现在高考任务已经完成，不再需要挑灯夜读了。现代社会，知识日新月异，要想持续进步，就必须不断学习、而且不仅是学习一门学科，而是博览群书，各种专业知识都要涉猎，才能推陈出新，站在时代的前沿，所以我们的时代迫切需要"乐学型"的人才。而通过人生规划，选择自己喜欢的专业和职业，便是有效的手段。

十几岁的青少年，还没有形成完整的自我规划意识，因此很少有人会考虑"父母计深远"是否是正确的，是否是最适合自己的道路。而自我规划意识的建立对我们以后的人生有着不可或缺的作用，这就需要我们不断地从学习中取得经验，取得我们需要的知识和认识能力。只有当你能乐于学习的时候，才能学得好，学得深；只有当你能够学得足够深，才能看到远方有怎样的生活在等待你。

在你规划人生的时候，永远要记得，没有"最好"，只有"最适合"。名校固然值得追求，但并非上不了哈佛就是失败。规划自己的生活，一定要根据自己的实际情况，制订最适合自己的计划，也只有这样脚踏实地，才能最终实现自己的计划。

在20岁以前，大部分人的经历是相同的，升学读书到升学读书……建立自己的基础。在父母亲友的社会价值观影响下及误打误撞的情况下完成基础教育。而这时候的你如果能为自己想得多一些、远一些，也就意味着你已经走在了大家的前面。那么应当如何制订自己的规划，我在这里用成绩做表格，提供给同学们一个评估的参考思路。

首先，在制订计划的时候，不要强迫自己做到满分，要带着满分的心态，尽自己最大的努力，每一个计划贴合实际，有理有据，这样的规划才是可行的，才是最适合自己的。

其次，对于自己的规划进行细化。很多同学每个学期都会制订许多计划，而哈佛大学心理调查显示，计划越是细节化，实现的可能性越高，当你为自己的计划定下闹钟，这些计划就会在你的潜意识里形成一种强迫机制，强迫你去按照计划实行，因此，不要把计划做得太过宽泛，比如你的目标是攻读美国哈佛大学，那么就应该细化到如何达到这个目标的每一天，而不是一个空空的目标。做一个自己的时间表，让自己每天按照计划学习，当然也可以适当调整，不要过于死板。

最后，规划的参考要选对。很多同学都听过"别人家的孩子"，这种让很多同学深恶痛绝的赞美，其实也有好的一面，比如你可以参考别人的计划，结合自己的实际情况进行修改和调整，这样可以节省自己的时间，提高学习效率。在进行这种参考的时候，切记不可照单全收，也不能心存怨念。当别人比你优秀的时候，不要自怨自艾，你需要做的就是不断努力，学习他，超越他，然后成为一个最优秀的自己。时刻谨记：哈佛不是唯一的成功标准，你有你自己最出彩的人生！

◎哈佛成功指南

毫无疑问，哈佛大学一直是中国许多父母心中的名校，也是很多学生奋斗的目标，但是有没有人思考过，为什么我们对这所并不大的学校如此神往。其实，我们向往的并不是什么名校光环，而是一种对自我人生的肯定，以及对自我提高的一种格外的憧憬。作为一名中学生，除了享受青春年少之外，也要适当地开始学着规划自己的人生，毕竟人生属于你自己，而不是你的老师、父母或者任何人。哈佛只是一种精神的象征，从现在开始，按照哈佛的标准要求自己，让优秀成为自己的一种最自然的习惯，最享受的行为，这就是你能给自己人生最大的"光环"。

◎哈佛心理研究院

你对未来有多乐观？

如果你来到一个度假胜地，在旅馆安置好，走到窗前，你会先看到怎样的景色呢？

A．看到旅馆的游泳池和人群

B．看到海边和海边玩耍的人们

C．可以看到一座远方的岛

D．窗外的花台，开满了五颜六色的花

结果分析

选择A：一般来说，旅馆的游泳池都在窗户边儿，把距离转换成时间轴，说明你的内心里未来是不可控制的，有点儿小悲观哦！

选择B：你看到旅店以外的风景，说明你对自己的未来还是有那么一点儿期许的，需要做的就是稍加努力哦！

选择C：看到这么远的距离，说明你对未来是超级乐观的，简直是个无忧无虑的性格，不过开朗是好事，有时候也会给你带来好的运气。

选择D：你是一个非常悲观的人，基本上不会有什么积极的想法，这样不行，你需要的是自信和改变。

每一个成功的梦想，都需要自我激励

> 我们因梦想而伟大，所有的成功者都是大梦想家：在冬夜的火堆旁，在阴天的雨雾中，梦想着未来。有些人让梦想悄然绝灭，有些人则细心培育、维护，直到它安然度过困境，迎来光明和希望，而光明和希望总是降临在那些真心相信梦想一定会成真的人身上。
>
> ——托马斯·伍德罗·威尔逊

◎读一读，想一想

每个人都有属于自己的梦想，但不是每个人都能够将梦想实现。如何才能让梦想成真呢？哈佛大学为我们给出了一个很好的答案："自我激励。"

自我激励对一个人的成功是至关重要的，可以说，人的一切行为都是受激励而产生的。通过不断激励，发挥出自己的潜能，然后促使自己登上成功的顶峰。

我认为，人要是想获得成功，就必须得先有梦想，并时常对自己的梦想加以肯定，进行正面的自我宣言，不断地教育自己、塑造自己、激励自己。所以成功永远属于那些拥有梦想并敢于为梦想而奋斗的人。如果你已经有了属于自己的梦想，无论如何，这都是一件值得高兴的事情。这证明你已经拥有了目标，有了成功的渴望，这是值得庆贺的。接下来就看行动，不管在什么情况下，都应该让脚步跟上你的梦想。

我曾经有幸听过美国奥兰多朗托斯业务推广公司的总裁潘·朗托斯的演讲，那一次，她对自己的圆梦经历进行了仔细的描绘：

曾经的朗托斯非常肥胖，而且每天都郁郁寡欢。她每天花18个小时来睡觉。终于有一天，她厌倦了这样的生活，发誓一定要进行改变。

于是，她开始每天都听一些思想积极的录音带。有一次，录音带中说，要每天3次对自己进行肯定。朗托斯觉得自己得一天说上50次才管用，事实上，她也是这么做的。

录音带中还说：要在心里时常想到一个固定的成功形象。朗托斯依旧照做了。她将一个形象气质俱佳的明星照片贴在墙上，然而将头部换成自己的照片。她不断在脑海中描绘着自己美好的形象。慢慢地，她发现自己的形象有所改变了。她开始做运动，不仅减掉了20公斤的赘肉，而且整个人也变得自信起来。

后来，她出去找工作，成了一名销售员。同样，她幻想自己是一名顶尖的销售员，不久之后，她确实做到了。她决定转到广播电台去做销售。于是，她又开始了新的幻想：她自己正在某特定的电台做销售。然而，事实却是她吃了闭门羹。但是，朗托斯已不愿意接受任何"NO"了。于是，她就在电台经理办公室的正对面搭棚露宿，直到经理肯见她为止。最终，她终于得到了这份原本不存在的工作。

就这样，通过不断的自我激励和辛勤的努力，朗托斯不断升职，后来，成了电台的业务经理。在她的努力下，原本业绩平平的广告，在短短的一段时间内竟整整提升了7倍。

两年后，朗托斯就成了迪士尼旗下夏洛克广播公司的副总裁。后来，她创立了自己的公司。

从朗托斯的经历中，我们看到了自我激励的重要性。我一位企业朋友也表示，如果能在心中描绘成功的景象，我们就可以朝着这个目标来实现它。

在现实生活中，我常常发现一般人总是以自我概念来设定自己的目标。一般来说，自我形象良好的人，设置的目标也更远大。反之，那些自我形象差的人，对自己的梦想也抱着胆怯的态度。正是因为如此，我们可以像朗托斯这样，不断地在自己的头脑中描绘并塑造一个良好的自我形象，然后将自己的命运扭转。

很多人经常问我，要怎样对自己进行激励呢？我通过总结一些成功人士的经验，积累出了以下几种方式：

1. 确立一个既宏伟又具体的大目标。很多人都发现，他们之所以无法实现梦想，是因为他们的目标太小、太模糊了，让自己丧失了动力。

2. 不断寻求挑战，这样你的体内就会发生奇妙的变化，让你获得新的动力与力量。因此，要找出自己情绪的高涨期，来不断地激励自己。

3. 你所交往的人能够改变你的生活，所以，要结交那些希望你快乐和成功的人。

4. 精工细笔地创造自我，总之，不管你有多么小的变化，都是非常重要的。

5. 成功的真谛：对自己越苛刻，生活对你越宽容；对自己越宽容，生活对你越苛刻。所以，任何时候都不要对自己宽容。

6. 战胜恐惧，就算你克服的是小小的恐惧，也可以增强你对创造自己生活能力的信心。

◎哈佛成功指南

美国哈佛大学的威廉·詹姆斯教授曾经做过一个调查，结果发现没有受过激励的人，只能够发挥自己潜能的20%～30%，可是当他们受到激励时，却能够发挥自己潜能的80%～90%。也就是说，一个人在受到激励或者进行自我激励之后，能够让自己的潜能充分发挥出来。所以说，成功者之所以能够获得成功的根本原因，就是懂得自我激励，不断积极进取。自我激励能够帮助他们从一个胜利走向另一个胜利，从一个辉煌迈向另一个辉煌。如果你懂得自我激励，就算自己的天赋平平，也能够克服重重困难，大步向梦想迈进；如果你不懂得自我激励，哪怕自己天资聪颖，也无法发挥自己的潜能和优势，在困难面前止住脚步。

◎哈佛心理研究院

你的自我激励能力如何？

假如，你想在某一门功课上获得优异的成绩，可是在期中考试中却没有及格，这时候你会怎么办呢？

1. 下定决心，以后要努力认真学习。

2. 给自己制订一个详细的学习计划，并且按计划进行学习。

3. 告诉自己这门功课不重要，还是把精力放在其他功课上。

4. 拜访任课老师，请他给你高一点的分数。

结果分析

选择1：你的自我激励能力一般，将该做的事情放在以后，为何不从现在开始？

选择2：自我激励能力较强的表现就是能够制订一个克服困难和挫折的计划，只要能够严格执行它，你就能够获得成功。

选择3：你的自我激励能力较差，因为自我激励不等于自欺欺人。

选择4：这是急功近利的做法，和自我激励无关。

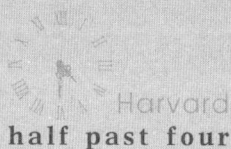

　　时间是世界上最公平的东西，因为每个人每天都拥有24个小时；时间也是世界上最不公平的东西，善于利用时间的人好像要比浪费时间的人闲暇更多。来自哈佛的"时间使用指南"会告诉你：当你在喝咖啡的时候，别人可能正在读书；当你在睡懒觉的时候，别人可能已经在晨练；当你在跟朋友聚会的时候，别人可能已经在为自己的前途努力。所以在哈佛的校园里，你很难看出悠闲的面孔，每一个人都将时间紧紧地揣在兜里，为未来而努力奔走。

第二章

苦乐参半的时间管理：
别让生命的蜡烛白白燃烧

时间就像小偷，总在不经意间溜走

把握今日，等于拥有两倍的明日。

——本杰明·富兰克林

◎读一读，想一想

时间是世界上最宝贵的东西，虽然每个人每天都有同样的24个小时，可是对于时间的利用不同，也让时间产生了不同的效果。也正因为如此，哈佛教授才会对学生说："抓住时间，把每一分每一秒用在最关键的地方，而不要让时间的'小偷'在不经意间溜走！"

如果你能够"抓住"时间，那么它就会成为你人生最宝贵的财富。如果你选择视而不见，那么时间就会在你面前一点点消失——等它完全消失不见，你若醒悟过来也已经来不及了。但是我想说，朋友们不必为溜走的时间而沮丧，因为这样的"小偷"不是只有一个，吸取上一次的教训，让我们睁大双眼，抓住更多的"小偷"，这样我们便可成为时间的主人。

正因为光阴会流走，所以我们才要努力抓住每一分、每一秒。时间虽然是无穷无尽的，但是我们的生命却是有限的，就我们的有限生命来说，时间也是短暂的。所以我们只能把握好有限的时间和生命，在有生之年做出一番成就。我们可以不断学习、不断进步。时间存在的意义是为了让我们完成自己的梦想，让我们努力提高自己；当我们觉得剩余的时间越来越少，也许就到了垂暮之年，那时再想努力，一切都已经晚了。

哈佛之所以可以造就一大批成功人士，因为哈佛帮助学生培养了一种珍惜时间的精神。如果我们也能抓住匆匆而逝的光阴，谁说我们不能成功呢？

　　大卫·洛克菲勒是世界上有名的一位银行家和企业家，鼎鼎大名的"石油大王"洛克菲勒就是他的爷爷。大卫自幼受到家庭的熏陶，从小就喜欢思考和学习。当其他小朋友在玩耍时，他自己在看画报，自己动手按照图画上的东西去拼装模型。再大一点，他喜欢上了阅读，整日都与书为伴，因此他变得越来越聪明。

　　后来大卫进入了哈佛大学，他在这里继续保持他珍惜时间的优良习惯。哈佛大学的学习氛围浓厚，几十所图书馆更是成为专家和学者研究学术与理论的精神食粮供给地。大卫也在图书馆中努力学习。他珍惜所有能利用的时间，不断汲取知识的力量。也许有人认为他的成功得益于他的爷爷，但事实却并非如此。大卫一开始并不是一位银行家，他也没有继承爷爷或是父亲的财产。他做过市长的秘书，也当过兵。1946年，大卫进入了一家银行工作，他靠着自己的勤奋和努力成了优秀的银行家。

大卫在他的博士论文中写过一句话"懒惰才是最严重的浪费"，他不会让懒惰剥夺自己宝贵的时间。一个优秀的银行家，颇懂得获取财富之道。他把金钱和时间的关系看得十分透彻。"时间就是金钱"，每个人都明白这个道理，但是未必人人可以做到。

哈佛人之所以更加注重时间观念，是因为他们在进入学校后，学习并吸收的经验就是成功者必先珍惜时间，不浪费一点一滴的光阴，努力学习，积极进取，才能开启成功的大门。而我们呢，即使没有进入到哈佛，但也懂得了这个伟大的哲理，不如就趁现在学会珍惜时间，努力学习和工作吧！

时间总是从我们的指尖匆匆滑过，春去秋来，周而复始，如果我们没有立即行动起来，最美的年华就将一去不回了。我们应该明白，无论什么样的成功，都始于心动，成于行动。一个人如果只知道坐在云端上想入非非，而不着手于眼前，立刻行动起来，那么他永远也无法取得理想中的成功。所以说，希望自己能够获得成为，就要将理想和现实结合起来。

此处，还应该时常思考以下这些问题：

1. 我现在多少岁？决定用多少年的时间去实现自己的理想？
2. 每天都坚持学习多长时间？现在开始学习了吗？
3. 30岁以后你想拥有怎样的生活？怎样的工作？
4. 你离自己的梦想还有多远？现在努力吗？

◎哈佛成功指南

哈佛图书馆里有这样一句格言："我荒废的今日，正是昨日殒身之人祈求的明日。"这句话的意思，是让我们珍惜时间，去做更多有意义的事情。在我们身边，有些人就像拥有"分身术"一样，他们在一天时间内可以完成许多事，而且完成得相当出色和优秀。但我们认真观察他们的行为，我们可以发现，其实他们和我们一样，都是普普通通的人。他们之所以会有如此高的效率，就是因为他们比我们更会珍惜时间，从不浪费光阴。

◎哈佛心理研究院

一般在什么情况下，你的学习效率是最好的？
1. 感到考试压力的时候。

2. 在学习自己喜欢的功课时。

3. 半夜十分安静的时候。

4. 你的学习不会受到环境的影响。

结果分析

选择1：你可能是一个喜欢临阵磨枪的人，只有到考试的时候才可以集中精力、安心地学习。其实，你需要用心去感受获取知识的快乐，而不是将学习与考试画上等号。

选择2：你的学习能力一定不弱，如果在自己感兴趣的领域努力钻研，很容易成为那个领域的专才。不过，在面对你不感兴趣的功课时，你的脑子可能就不听使唤了。

选择3：你是一个需要安静的环境学习效果才能好的人。应当学会尽可能为自己创造这样一个环境，以适应自己的习惯，否则就会因学习受到影响变得烦躁不安。

选择4：你的意志十分坚强，并且忍耐力极大，大脑运转的速度也非常人能及。不管你身处怎样的环境中，只要坐下来便能进入学习状态，并且学习效率很不错。

分秒必争地控制时间，而不是被时间控制

> 我自己非常珍惜时间，所以也不喜欢那些浪费别人时间的人。在美国人的价值观中，耐心并不是很重要，许多美国人可以说是"脾气暴躁的"。如果他们感到时间在悄悄流失而自己一无所得时，他们便开始说话激动、坐卧不安。
>
> ——哈佛大学时间管理课某教授

◎读一读，想一想

哈佛没有高楼大厦，只有新英格兰的红砖墙，即使诺贝尔奖获得者也不过在校园多一个不起眼的固定停车位。到了哈佛，你才知道真正的精英并不是天才，而是善于利用时间，并且付出更多努力的人。哈佛教授经常告诫学生："如果你想在进入社会之后，在任何时候、任何场合下，都能得心应手、得到应有的评价，那么在哈佛的学习期间，你就没有晒太阳的时间。"在哈佛还有一句格言广为流传，就是"忙完秋收忙秋种，学习，学习，再学习"。每个人的时间和精力都是有限的，所以你必须分秒必争地控制时间，而不是被时间控制。

在一次哈佛校友访谈中，北京大学张俊妮博士、联合国开发计划署的李劲和来自美国现任职于某国际咨询公司的叶文斌三位哈佛校友，一起谈到了他们在哈佛大学学习的生活体验。访谈中，他们提到哈佛的学生都非常苦，学习任务很重，但是课余生活也相当丰富，可以说每一位哈佛学生都乐在其中。张俊妮主张"要学会利用时间，把时间分成一段一段"，学习之外，郊游、滑雪、打保龄球、组织论坛、跟人聊天，样样都不能少；李劲则经常到附近学校去做志愿者，去教海地难民的孩子们数学，这些宝贵的经历都给他留下了"在其他地方难以获得的体验"；叶文斌说自己读本科的时候有详细的时间计划，一天是"1/4上课，1/4自习，1/4课外活动，1/4睡觉"，同时，他也参加了很多和音乐有关的活动。如此看来，每一位哈佛人几乎都是合理利用时间的佼佼者。

其实，这几位哈佛骄子和我们一样，都只是普通的学生，他们之所以能够获得优秀的成绩，就是因为他们更善于用脑子去思考如何科学合理地利用、分配，如何最大限度地有效使用时间，只要我们也能学会利用好自己的每一分钟，我们的学习效率也将会大为提高，生活中那些小烦恼也会烟消云散。

正处于青春期的你，或许会认为自己拥有用不完的时间，但你必须谨记，自己正在荒废的今日，却正是那些昨日殒身之人所祈求渴望的珍贵明日。很多人只看得到成功者表面的风光，却忽略了他们背后付出的辛苦。要知道，台上一分钟，台下十年功，成功不会从天而降，而是必须从一点一滴做起，从零开始逐渐累积而来。

马利欧是马利欧企业的创始人，多年来，他几乎每天都要工作18小时。他说："每周只工作40小时的人，是不会太有出息的。"卡尔森企业集团的老板卡尔森，拥有全世界最大的旅行社和著名的瑞森大饭店。《福布斯》杂志估计他的财产有5亿美元之多。而他就是勤奋致富的典范，从推着自行车卖奖券起家，一直做到首屈一指的大富豪，可谓是从枯燥工作步入快乐人生的传奇人物。他在工作中，从星期一到星期五保持竞争力不落人后，而星期六与星期日则拿来超越他人，卡尔森就是这样一个工作狂。

一位哈佛教授曾说："珍惜眼前的每一分每一秒，也就是在珍惜所拥有的今天。"也许你不如别人那样富有，但是你拥有和别人一样多的时间。时间对于每个人来说都是公平的，每个人每天拥有的时间都是24小时。但是有人懂得珍惜，有人却暴殄天物。人生没有回头路可走，人生的时间是有限的，所以对时间挥霍，是生命最大的浪费，我们无法去找回曾经浪费掉的一分钟光阴。要知道，浪费的时间永远无法追回，但是，如果能够学会高效利用时间，能够成为时间的主人，能够有效地利用自己的每一分、每一秒，那么必定能够有大作为！

◎哈佛成功指南

有时候，你觉得为时已晚，恰恰可能是最早的时候。如果今天不努力，那么明天必定会遭罪。成功与安逸常常是不可兼得的，现在流出的口水，很有可能会成为明天的眼泪。在哈佛大学从来看不到任何学生在偷懒，也没有谁会在那里消磨时间。处在知识爆炸的信息时代，人们常因繁重的学习工作而紧张忙碌。如果想调剂生活，就必须高效利用时间，以最短的时间做更多的事，剩下的时间就可以休闲放松了。因此，善于利用时间，就可以完成许多事情，拥有轻松自在的生活。这就是社会上那些著名的企业家、政治家，为什么每天有那么多事情要处理，却还能将时间安排得有条不紊。不但能阅读喜欢的书籍，还能以休闲娱乐来调剂身心，甚至还有时间带全家出国旅行。就是因为他们比别人更善于利用时间，并将它有效运用。

你是如何利用时间的?

如果今天是周末,可以好好赖一下床。但是假如你必须在7点出门,非设闹钟把自己叫醒不可。从你起床到准备出门只需10分钟,那你会把闹钟设定在几点几分呢?

A. 6:00。闹钟响了会把它关掉,再眯15分钟左右

B. 6:30。闹钟一响就起来,但会赖在床上10分钟左右

C. 6:40,闹钟一响,马上起床

D. 7:00,不赖床

结果分析

选择A:你因为怕迟到,所以想提早起床。可是,你会把闹钟关掉继续半梦半醒。这种方式反而更容易睡过头,理论上是相当不明智的。由此判断你的个性十分斯文,做事慢吞吞,不是善于利用时间的人。有点慢郎中的倾向。

选择B:你的个性很沉稳,做事不会毛毛躁躁,也不会拖泥带水,适应环境的能力很强。赖床的时间恰到好处,能与现代都市生活的节奏互相配合。

选择C:你蛮能掌握时间,行动力极强,自我要求也很高。不服输的性格,显露于表。但若有突发状况出现,你会乱了脚步,会有点不知所措。偶尔还会有情绪失控情况出现。

选择D:你的个性很强,以自我为中心,有点儿刁蛮任性。明知道不能迟到,但还是不想早到。若是心情不爽,就算约定的事,也会放人家鸽子,是个标准的迟到大王。要小心!在这个充满竞争的时代里,你如果太以自我为中心,对自己的欲望不加以约束的话,不但不受人欢迎,还会被社会淘汰。

摆脱拖延症！信誓旦旦不如马上行动

世上有93%的人都因拖延的恶习而最终一事无成，这都是因为拖延能够降低人的积极性。

——哈里克

◎读一读，想一想

我们经常会听到"今日事今日毕"，不过在现实生活中能够真正做到这一点的青少年又有多少呢？

我所了解到的一些青少年是这样的，他们总是在有意无意间把今天应该完成的事情，拖延到了第二天，等到了第二天又发现手上的事情多了不少，于是只能将第二天的事情拖延到第三天……如此类推，好像手里的事情总也忙不完，又好像自己什么事也没做好。这样的青少年往往心烦气躁，总是抱怨自己的时间太少了，根本没有意识到是自己的拖延造成了这样的结果。

拖延，一直是我们追求成功道路上的巨大阻碍，其危害千万不能小觑。拖延症也是一种十分常见的心理疾病，它不仅会影响到我们的生活、学习及工作，还会影响我们的情绪，会破坏团队协作以及社交关系。如果拖延症出现在政治、军事、管理、决策等重大问题上，比如重大的决策拖延、处理危机的拖延、解决问题的拖延等，则会造成无法估量的后果。

在哈佛大学，我们很少看到学生有拖延行为，因为在哈佛的课堂上，我们常常可以听到教授慷慨激昂地对学生们说道："时间是最应该被珍惜的东西，时间也是成功的第一基础，世界上最不幸的事情就是失去时间，所以我们做事要立刻行动，绝不拖延。"

诗人约翰·弥尔顿曾写下这样一句诗："一直站立等待的人，也将有所收获。"这句诗似乎很有哲理性，可是却值得我们反思。如果不采取积极的行动，收获与成功又从何而来呢？真正的成功肯定不会像顽皮的小袋鼠一样，自己跳进你的口袋里，它通常属于那些长期刻苦地学习与工作的人。

那么，青少年朋友应该如何通过行动来克服拖延的坏习惯呢？让我们来看看哈佛教授的建议：

1. 将一些大的任务分成若干个小的任务，并且将它们排序，列出每个任务完成的先后顺序。

2. 确定一个截止期限，不管任务的大与小，都必须在这个期限内完成。

3. 要分清轻重缓急，如果为了完成一项特别重要的任务，而让一些不重要的任务延迟或者推后，这样并不是真正的拖延。

4. 每完成一项任务都要给自己一些奖励，这种奖励并非物质上的，而是精神上的，比如你可以抽出一些时间做自己喜欢的事情。

◎哈佛成功指南

意大利著名的无线电工程师马可尼曾经说过："成功的秘诀就是要养成迅速行动的好习惯！"这也是哈佛学子拥有的特质。所以青少年朋友永远不要拖延，而应该通过实际行动，从现在开始努力，一步一步走向成功的彼岸。把握好今天，才能创造美好的明天。

你有拖延症吗？

请回答下面的问题，"是"得1分，"否"得0分。

1. 不到最后期限，都不会完成任务。

2. 上课的时候不认真，下课后又忙着补作业。

3. 没有时间观念与学习计划。

4. 白天可以完成的任务，总是拖到晚上去做。

5. 总认为自己还有很多时间。

6. 总是把任务留到明天再做。

7. 每当老师或父母询问学习进度时，总说"让我看看"。

8. 书包里总放着一大堆零食。

9. 要做事时，脑子里能冒出各种理由"现在先做别的事，这个稍后"。

10. 总是告诉自己："还来得及，不行就赶通宵！"

11. 处理问题不分主次，忙了半天，最紧要的事没做。

12. 经常因为时间过于紧迫，草草交差，结果被老师或父母责怪。

13. 厚脸皮，别人怎么催，也定力十足，习以为常了。

14. 从不主动汇报自己的学习情况。

15. 同学都不愿意和你合作。

结果分析

0~4分：你有轻度拖延症，要当心了，快点找到原因，将它扼杀在萌芽中。

5~11分：你有中度拖延症，它可能已经成为你的一种习惯，改变需要时间和耐力。

12~15分：你有重度拖延症，建议重新审视自我，彻底改变拖延的坏习惯。

一日成一事，滴水能穿石

> 每一个有心的人都不应该忽略生活中的每一件小事，因为成功的机会往往就隐藏在细微之处。
>
> ——罗伯特·克蒂文森

◎读一读，想一想

每个人都懂得"积少成多""聚沙成塔"的道理，但是很少有人将这些道理付诸行动，而成功的人大多是那些将这些道理付诸行动的人。哈佛学子都有这样一个共识：每天进步一点点，不仅可以让自己内在的潜能充分地发挥出来，而且也能积累成功的资本。人的一生就好比是一场比赛。如果一个人想要一口气跑到终点，急于求成，往往会欲速则不达；如果一个人能把每一步当成一个起点，每天多做一点点，每天进步一点点，往往会顺利到达终点。

20世纪80年代，维斯卡亚公司是美国最为著名的机械制造公司之一，其产品销往全世界，并代表着当今重型机械制造业的最高水平。

许多大学生毕业后到该公司求职遭拒绝，原因很简单，该公司的高技术人员爆满，不再需要各种高技术人才。但是令人垂涎的待遇和足以自豪、炫耀的地位仍然向那些有志的求职者闪烁着诱人的光环。杰弗逊和其他很多人有着同样的命运，在维斯卡亚公司一年一度的用人测试会上，他的申请也被正式拒绝了，其实这时候维斯卡亚的用人测试会已经是徒有虚名了。但是，杰弗逊并没有死心，他发誓一定要进入维斯卡亚重型机械制造公司。于是他采取了一个特殊的策略——假装自己一无所长。

他来到维斯卡亚公司的人事部，要求为公司提供无偿的劳动，请求公司分派给他任何一项工作，他都不计任何报酬来完成。起初，公司觉得这简直不可思议，但考虑到不用任何花费，也用不着操心，于是便分派他去打扫车间里的废铁皮。一年来，杰弗逊勤恳地重复着这种简单且辛苦的工作。为了生计，下班后他还要去酒吧打工。这样虽然得到老板及工人们的好感，但是却仍然没有一个人提到愿意录用他的问题。1990年年初，公司在产品上出现了一些问题，许多订单都被迫退回，原因是产品质量不合格，公司将为此遭受巨大的损失。为了挽救颓势，公司董事会紧急召开会议，商议解决方案，当会议进行一大半却尚未见眉目时，杰弗逊闯入会议室，提出要直接见总经理。在会上，杰弗逊把对这一问题出现的原因作了令在场所有人佩服的解释，并且就工程技术上的问题提出了自己的看法，随后拿出了自己对产品的改造设计图。这个设计非常先进，恰到好处地保留了原来机械的优点，同时克服了已出现的弊病。总经理及董事会的董事见到这个编外清洁工如此精明在行，便询问他的背景以及现状。

杰弗逊面对公司的最高决策者们，将自己的意图和盘托出，经董事会举手表决，杰弗逊当即被聘为公司负责生产技术问题的副总经理。原来，杰弗逊在做清扫工作时，利用清扫工到处走动的特点，细心察看了整个公司各部门的生产情况，并都一一作了详细记录，发现了所存在的技术性问题并想出解决的办法。为此，他花了近一年的时间搞设计，收集了大量的统计数据，为最后一展雄姿奠定了基础。

哈佛教授经常告诉他们的学生：每天勤奋一点点，每天主动一点点，每天多做一点点，只要每天进步一点，并持之以恒，那么总有一天，小小的进步一定能创造出巨大的奇迹。

正因为如此，我们才更应该关注那些未做完的小事，而不是对它不予理睬，任其积累下去，否则，它们会像债务一样令你不安。一旦我们不停地关注那些我们能够完成的小事，不久我们就会惊异地发现，我们不能完成的事情实在是微乎其微的。就这样，每天进步一点点，每天做好一件事，久而久之，有一天你抬起头也许就能看到最美的风景、最明媚的阳光。

◎哈佛成功指南

专注对于一个人的事业或者人生的影响力有多好。青少年朋友都希望自己有所作为，而专注就是你获得成功或失败的关键所在。一个人的精力毕竟是有限的，如果你将这些精力分散地用在不同的几件事情上，最后只会一事无成；如果你能够只专注其中的一件事情，那么就很容易将这唯一的事情做好。哈佛情商教授教育学生们："想让一个人的大脑发挥最佳的状态，那么就让它不间断地处理一件事情，这样专注地去做、去想，最后必然会取得最好的成效。"所以，青少年朋友们一定要学会专注于一件事情，哪怕这件事情小得微不足道，只要认真地坚持下去，都会收到不一样的成功。正如伟大的音乐家贝多芬所说："涓滴之水终可磨损大石，不是由于它力量最强大，而是由于昼夜不舍地滴坠。"专注，能够助你成功；三心二意，只会让你一事无成。

你把时间和精力都用在了哪里？

请认真回答下面的问题：

1. 你一直很努力地改变自己？

　　不是→3

　　是的→2

2. 诚实地说，你其实是一个很消极的人吗？

　　不是→4

　　是的→3

3. 你觉得感情比金钱要宝贵得多吗？

　　不是→5

　　是的→4

4. 你做的每件事，都期待着回报吗？

　　不是→5

　　是的→6

5. 虽然你喜欢倾诉，但也不会乱找人，只找对你来说特定的人？

　　是的→7

　　不是→6

7. 你说话总是很客观，从不掩饰，哪怕是过失？

　　不是→8

　　是的→7

7. 哪怕自己在某些问题上犯过错，但你仍然要让别人觉得你是对的？

　　是的→8

　　不是→9

8. 你总害怕别人了解真实的自己？

   是的→10

   不是→9

9. 你现在所做的一些奋斗都是以金钱为目标的？

   不是→11

   是的→10

10. 你觉得那些过得很贫穷的人说幸福快乐是件很可笑的事？

    是的→A

    不是→B

11. 你觉得悠闲自在比轰轰烈烈的生活更舒适？

    不是→C

    是的→D

结果分析

A：你把时间和精力花在了社交上。虽然在学校里你也很认真地学习，每天按部就班地工作，可你还是将大把的时间花在结交朋友上，对于你来说，和同学朋友一起玩耍的乐趣，远远要超过一个人埋头学习。

B：你把时间和精力花在了矛盾上。你的大脑随时都在转动着，总在想一些复杂的问题，然后让自己越来越纠结。你用大量的时间不停地思索，不停地对比，不停地冥思苦想。你的时间和精力放在这些上面，让你总是离成功差一步。

C：你把时间和精力花在了梦想上。毫无疑问，你拥有一个无比远大的梦想，为了实现它，你几乎花费了你的所有时间与精力。虽然梦想还是在很遥远的地方，不过它却能激励着你不断进步。

D：你把时间和精力花在了追求另类上。你把自己树立成与众不同的形象，总是与别人不合拍，你的脑袋里有很多怪主意，总是让人诧异，也可以说是你的天性使然，让你不断地在另类的路上独具创新精神。在想法上，总是高别人一截。因为存在这种念头太久，你都不知道自己在努力另类了，你觉得自己很普通，其实你的与众不同已经自然流露了。

时间也可以零存整取

> 必须记住我们学习的时间是有限的。时间有限，不只是由于人生短促，更由于人事纷繁。我们应该力求把我们所有的时间用去做最有益的事情。
>
> ——赫伯特·斯宾塞

◎读一读，想一想

哈佛学子无论是学习还是做事，都以效率为先，他们从不肯让时间白白流走。在他们的头脑中，接受的是这样一种思想：时间对于人类的意义，取决于我们怎样合理和充分地利用它。对于智者来说，它是伟大的祝福，它能使智者的生命和精神走向永恒；对于愚者来讲，它是无穷的祸患，给患者留下的是绵绵无尽的悔恨和无可挽回的损失。因此，他们认为，凡是有理想有大志的人都能很好地把握时间，让时间的效用得到最大限度发挥。

查尔斯曾经在哈佛度过4年的大学时光，毕业后就职于纽约的一家软件公司，做他最擅长的行政管理工作。后来，他的公司被一家法国公司兼并了。在兼并合同签订的当天，公司的新总裁就宣布："我们不会随意裁员，但如果你的法语太差，导致无法和其他员工交流，那么，不管是多高职位的人，我们都不得不请你离开。这个周末我们将进行一次法语考试，只有考试及格的人才能继续在这里工作。"

散会后，几乎所有的人都拥向了图书馆，他们这时才意识到要赶快补习法语了。只有查尔斯像平常一样直接回家了，同事们都认为他已经准备放弃这份工作了，毕竟，哈佛的学习背景和公司管理层的工作经验会帮助他轻而易举地找到另一份不错的工作。

然而，令所有人都想不到的是，当考试结果出来后，这个在大家眼中是没有希望的人却考了最高分。原来，查尔斯在毕业后来到这家公司时，就有意识地开始了自身能力的储备工作。他虽然工作繁忙，但却坚持每天提高自己。他在工作中发现与法国人打交道的机会特别多，而不会法语会使自己的工作受到很大的限制，所以，他很早就开始自学法语了。他利用可利用的一切时间，每天坚持学习，最终学有所获。

时间常常看起来都是不够用的，大多数时候我们不可能用一大块的时间去专门从事一项工作。哪怕是写作业，你也会发现你要同时应付很多门功课。因此能够抓住时间的缝隙，将点滴的时间拼起来，才是获得比别人更多时间的最好途径。

常言道："时间就像海绵里的水，要挤，总是有的。"但是我们没有赫敏·格兰杰的神奇沙漏或是哆啦A梦的时光机器，让自己可以同时做很多事情；也没有孙悟空拔一根毛就可以变出猴子猴孙、帮自己分忧解难的本事。一直强调"节约时间"的老师和父母，也没有真正告诉我们，到底该怎么找到生活中零碎的时间，那么我们想要给自己变出更多时间就只有一个方法——规划时间，把点滴的时间做点滴的利用。

首先，把自己每天做的事情和时间都列出来，找到时间都散落在哪里；比如课间10分钟，除了去洗手间处，还做了些什么？比如在放学回家的路上都做了些什么？地铁和公交上有没有空余的时间？想要利用，必须先发现，找到了零碎的时间，才有可能将它们拼在一起。

其次，不要搞疲劳战术。我们说的利用点滴的时间，并不是指你需要在一天24小时里都学习，这种疲劳战术对于长期的学习计划是不利的。抓住学习的每一秒，而不是抓住每一秒都学习。找到零碎的时间，有些可以用于运动，有些可以用于休息等，这都是为了更好地学习，更有效率地进步。

最后，要注意利用时间必须持之以恒。零碎的时间之所以零碎，是因为它们没有形成系列连续的时间，它们分布在你每天的生活中，因此你必须注意不是只坚持一天这么做，而是要坚持每天这么做，今天10分钟，明天10分钟，后天再做10分钟，才能达到利用时间的效果，一时兴起的短暂对于我们来说也是毫无意义的。

◎哈佛成功指南

关于时间，切斯特菲尔德勋爵曾说："我建议你们好好利用小段时间，这样大段时间自然就会产生效率。"迈克·斯特劳同时间比赛的观念可谓是登峰造极，他最大限度地利用每一小段时间。为了节省时间，他甚至记住了哪家餐厅的动作迅速，哪些楼的电梯快，哪些航空公司准时，哪些地方处理行李快捷。每一个年轻人都应该养成这样一种习惯，珍惜和利用好生命中的分分秒秒，抓紧任何一点闲散的时光。你可以把这样一些空闲时间用于改进你的本职工作，使之更上一层楼；你也可以将其用于开拓新的领域，让自己接触更为广阔的天地。让我们都像迈克·斯特劳一样同时间赛跑，而且一定要将时间甩在身后，我们才能追得上成功！

◎哈佛心理研究院

你的时间都去哪儿了?

请选择最适合你的答案。

1. 星期天,你早晨醒来时发现外面正在下雨,而且天气阴沉,你会怎么办?

    A. 接着再睡。

    B. 仍在床上逗留。

    C. 按照一贯的生活规律,穿衣起床。

2. 吃完早饭后,在上课之前,你还有一段自由时间,你怎样利用?

    A. 无所事事,根本没有考虑学习点什么,不知不觉地过去了。

    B. 准备学点什么,但又不知道学什么好。

    C. 按照预先订好的学习计划进行,充分利用这一段自由时间。

3. 除每天上课外,对所学的各门课程,在课余时间里怎样安排?

    A. 没有任何学习计划,高兴学什么就学什么。

    B. 按照自己最大的能量来安排复习、作业、预习,并紧张地学习。

    C. 按照当天所学的课程和明天要学的内容制订计划,严格有序地学习。

4. 你每天晚上怎样安排第二天的学习时间?

    A. 不考虑。

    B. 心中或口头做些安排。

    C. 书面写出第二天的学习安排计划。

5. 我为自己拟定了"每日学习计划表",并严格执行。

    A. 很少如此。

    B. 有时如此。

    C. 经常如此。

6. 当你发现自己近来浪费时间比较严重时，你有何感受？

   A．无所谓。

   B．感到很痛心。

   C．感到应该从现在起尽量抓紧时间。

7. 当学习忙得不可开交，而又感到有点力不从心时，你怎样处理？

   A．开始有些泄气，认为自己脑袋笨，自暴自弃。

   B．有干劲，有用不完的精力，但又感到时间太少，仍然拼命学习。

   C．开始分析检查自己的学习时间分配是否合理，找出合理安排学习时间的方法，在有限的时间里提高学习效率。

8. 在学习时，常常被人干扰打断，你怎么办？

   A．听之任之。

   B．抱怨，但又毫无办法。

   C．采取措施防止外界干扰。

9. 当你学习效率不高时，你怎么办？

   A．强打精神，坚持学习。

   B．休息一下，活动活动，轻松轻松，以利再战。

   C．把学习暂时停下来，转换一下兴奋中心，待效率最佳的时刻到来，再高效率地学习。

10. 怎样阅读课外书籍？

    A．无明确目的，见什么看什么，并常读出声来。

    B．能一面阅读一面选择。

    C．有明确目的地进行阅读，运用快速阅读法，加强自己的阅读能力。

11. 你喜欢什么样的生活？

    A．按部就班、平静如水的生活。

    B．急急忙忙、精神紧张的生活。

    C．轻松愉快、节奏明显的生活。

12. 你的手表或书房的闹钟经常处于什么状态？

    A．常常慢。

    B．比较准确。

    C．经常比标准时间快一些。

13. 你的书桌井然有序吗？

    A．很少如此。

    B．偶尔如此。

    C．常常如此。

14. 你经常反省自己处理时间的方法吗？

    A．很少如此。

    B．偶尔如此。

    C．常常如此。

选择A，得1分；选择B，得2分；选择C，得3分。将各题的得分加起来，然后根据下面的评析判断出自己对时间管理的能力和水平。

结果分析

35～45分，有很强的时间管理能力。在时间管理上，你是一个成功者，不仅时间观念强，而且还能有目的、有计划、合理有效地安排学习和生活时间，时间的利用率高，学习效果良好。

25～34分，较善于对时间进行自我管理，时间管理能力较强，有较强的时间观念，但是，在时间的安排和使用方法上还有待进一步提高。

15～24分，时间自我管理能力一般，在时间的安排和使用上缺乏明确的目的性，计划性也较差，时间观念较淡薄。

14分以下，不善于时间管理，时间自我管理的能力很差，在时间的自我管理上是一个失败者，不仅时间观念淡薄，而且也不能合理地安排和支配自己的学习、生活时间。你需要好好地训练自己，逐步掌握时间管理的技巧。

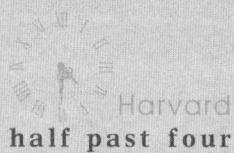

　　在21世纪，最容易获得成功的人，往往不是那些拥有最丰富知识的人，而是那些拥有创造力和创新意识的人。一个人如果能够在生活中勤于思考、学会创新，那么就会获得前所未有的成功和喜悦。有时候，我们觉得前面无路可走，那是我们没有学会运用上帝赐给我们的礼物，发挥我们的创造性和创新能力，开启成功之门。

第三章

一点质疑和一点创新:
快来唤醒懒惰的大脑吧

哈佛关于思考的四条建议

> 经常性地检视自身，经常性地寻找自己的过失进行反省，这样每个人都能掌握自我完善的秘方。毕竟，自己找到的错误，自己也会更容易接受，纠正起来也会比较快。
>
> ——威廉·詹姆斯

◎读一读，想一想

思考，是人类大脑最重要的功能之一。作为青少年的你，大脑经常处于高度运转的状态，在学习的过程中，只有懂得如何思考，才能更有效地学习新知识，以及总结经验。在长远的人生中，也只有懂得思考的力量，才能获更加精彩的成功。

哈佛大学之所以享誉盛名，就是因为它培育了无数的成功人士，而他们之所以能够成功，就是因为哈佛大学教给了他们与众不同的思考方法。一位哈佛教授曾说："当你找不到出路的时候，不妨让思路来一个'急转弯'，这样你就会发现不一样的答案了。"其实生活中很多问题，都不能只凭借经验来办事，而要懂得寻找经验之外的"办法"，这或许才是最好的。

生活中，我们不能忽略这样一个现象：有的人在小时候很聪明、很有创造力和想象力，不过随着年龄的增长，他们的思维会渐渐模式化，所思所想都会变得僵硬起来。在遇到问题的时候，思维也更倾向于大众化，而不是让思路来一个"急转弯"。

那么，如何才能改变这种现象，让青少年的思维变得灵活，也懂得转变呢？哈佛总结提炼了4条最有效、最实用的关于优质思考的建议：

建议一：要理解思维方式转变的特点，比如在面对一些常规问题的时候，不要想着以常规的方法去解决，要善于运用发散性思维和逆向思维进行思考。

建议二：不要把每件事件都当成"理所当然"，好像一些问题就必须那样去解决、一些方案就必须那样去制定一样。

建议三：知识和思维是紧密相连的，但是并不是知识越丰富，思维能力就越强。我们看到有的孩子思维能力超强，可是考试成绩并不理想；有的孩子思维能力一般，成绩却很优秀，这就是我们平时所说的"高能低分"和"高分低能"。

建议四：要学会坚持与善始善终，因为大凡成功人士，他们本身的智商或许并不高，学习成绩可能很糟糕，不过因为他们的想法多、思维活跃，所以能够在遇到问题的时候始终坚持，并且做出高于常人的成就。

◎哈佛成功指南

哈佛大学的毕业生、美国著名学者爱默生有一句名言："你，正如你所思。"思考能力是影响人生发展的核心力量，一个缺乏思考能力的人，永远都无法成功。因为当我们落入常规思维的圈套后，我们已经被思维定式束缚了，之后我们就会被自己掌握的知识和经验捆绑，有时候知识越丰富，越无法挣脱这种捆绑。但是一个小孩却可以很容易地解决许多看起来很难的问题。只要我们跳出思维的陷阱，我们也能想出问题的答案。这告诉我们应该摆脱教育和传统理念的过多束缚，积极思考，发挥想象力，这样才能获得成功。

◎哈佛心理研究院

你的思考能力如何？

当你还是个小孩儿，或者，你现在正是一个小孩儿，好像总觉得大人的世界好广阔，又自由自在，真希望自己能快一点儿长大。那么在你心中，最羡慕大人的是什么？

A. 不必考试

B. 穿着打扮

C. 可以为所欲为

D. 权威感

结果分析

选择A：你的想法与别人很不相同，会考虑到事情的其他方面。从不同方面来看，又是另一个风景，但那不是一般人会想到的地方。所以如果没有知音，你可能要一人独立与团体奋战，这是一件相当艰辛的工作。也许你会放弃沟通，循着多数人走的路而行，可是无形中，少数服从多数，就会把很多独特的想法和人才给扼杀掉。

选择B：你会想到问题的细节，当多数人已经掌握大方向之后，你加入的意见可以让案子做足一百分，达到完美的境地。可是，一开始当大家热烈讨论的时候，或许不明白你为什么一定要把蓝图上的每个小细节都规划清楚，才肯作罢。有你在的会议，常常可以见到鸡同鸭讲的热闹景象。

选择C：你虽然不是会议中的头头，不过你的吸收力很强，可以迅速了解别人在说什么，经过消化之后，转化成你熟悉的做事程序。所以乍看好像闷闷的，什么都不懂的样子，其实你早就在心中有一套完整的方案，一步一步将计划完成，让所有人都叹服你是心中有数的人。

选择D：与选A的人恰好相反，你在思考一件事的时候，会先找出最主要的宗旨，确定施行的范围之后，才开始进行大纲的架构。所以你很快就能进入状态，对事情的全貌有清晰的概念。不过，你的性子比较急，决定了方向之后，就认为已经完成了大半，接下来的冲劲儿就不如最初那样，执行力变差，完成度也不如预期。

睡前5分钟，给大脑布置几道问答题

> 人们并非命运的囚徒，而是他们自身思维的囚徒。
>
> ——富兰克林·罗斯福

◎读一读，想一想

我曾经读过这样一个有趣的故事：

有一位美国女士养了一只漂亮的鹦鹉，但是它有个奇怪的毛病——咳嗽，而且咳嗽起来声音浓重难听，女主人以为鹦鹉患了病，就带它去看兽医。兽医并没有检查出任何疾病，却发现，问题是出在女主人的身上，因为她烟瘾很大，经常咳嗽，这只鹦鹉是在惟妙惟肖地学她的咳嗽声。女主人看不到自己的过错、不懂得自我反省，却把健康的鹦鹉送到医院。

对于青少年来说，学会"自我反省"是走向成熟的第一步。一个懂得经常自我反省的人，才能在不断地自我修葺中更加完善、成熟。一些简单的思索，会唤醒内心沉睡的思绪。犯错，是人类无可避免的一种缺陷，每天坚持清理自身的负面因素，把自己不断地融合在充满了阳光与朝气的正能量理念中，才能像春天的小树那样欣欣向荣。

在学校，我们学着同样的课程，做着一样的作业，但是有些人只是看似忙碌，有些人却在看似平凡的忙碌中，隐藏着不一样的执着认真。面对学习比自己优秀的同学，我们要明白人外有人天外有天，只有多了解别人的优点，从优秀的人身上吸取更多的优点，才能不断提高自我。高中的生活何其忙碌，如果光顾着自怨自艾，或者妒忌自卑，那你这三年注定是不会有太大成长的。只有那些懂得自省、自信的人，才会勇敢地去征服命运。当我们俯瞰别人的时候，也在被别人俯瞰着。每个人都有一本无字天书，这本书中藏着上帝赐予的宝藏，是上帝给每个人的同等待遇。人生有没有收获，重要的是看自身是否愿意去努力挖掘。那些协助我们成长的人，用他们一路走来的实践与经验，来帮助和拯救我们还未能站稳脚跟而居无定所的灵魂。如果能够明白，那是一种人生最大恩惠，我们就会少走许多的弯路。所以一个人要学会感恩，更要学会思考，将这些珍贵的人生理念藏入生命的核心。

如果你能够在每天晚上临睡前，抽出短短的5分钟时间，给自己的大脑布置几道问答题——好好进行一天的总结，反问自己在这一天里，究竟学习掌握了哪些知识，哪里做得比较出色，哪里还需要调整和改进，还做了什么有益于进步的事情，明天需要怎样进行自我调整，还在哪方面需要认真加强，等等。这样，对于一天学习和工作的完成、自身素质的提高都非常有益，还能及时地发现问题，并使自己的思维方式不断扩展。

每天留出一点时间来思考，思考自己在做什么、做得对不对、能不能做得更好，这对个人的未来发展和成长都有很大的帮助，也是非常必要的。每天睡前不妨这样向自己提出问题，冥想这些问题，会带给你继续前进的力量，也会带给你不一样的好心情。

1. 我拥有什么？

2. 我想得到什么？

3. 今天我都做了什么？

4. 今天我还有什么该做的事情没做？

5. 对什么事应该心存感激？

6. 有没有做错什么？

这样每天睡前5分钟进行的一个小结，小小的一个习惯会把你带入高效有序的工作状态中。就像是筑起成功堡垒的一块块砖头，日积月累，就会让你体会到什么是轻松自如。当然，你也要学会控制思考的深度与广度，不能因为反省而影响到自己的睡眠。

◎哈佛成功指南

美国心理学家威廉斯曾经说过："不管是什么计划、目的或见解，只要以强烈的信念进行反复的思考，那么它必然会存在于一个人的潜意识中，变成一种自省能力，一种积极行动的源泉。"这也说明，青少年必须拥有审视能力，才能做到自律，并且拥有积极的行动能力。人就是应该常常审视自己的得失，随时检讨自己的言行。懂得自省的人能够不断地进步，保持心灵的纯洁，让人少犯错误。善于自省的人常常听取别人的意见，勇于改正错误。社会的进步有赖于民族的自省，所以身居高位的人更要常常自省。虽然在生活中，我们难免会有这样那样的缺点，但是如果我们能够经常审视自己的行为和思想，防微杜渐，不断纠正自己的错误，克服自己的缺点，那么久而久之，一些不良的习惯以及性格中的某些弱点、缺点，就能及时地清除掉，同时在自己的思想和行为中形成良好的修养，从而确保自己健康成长。

◎哈佛心理研究院

你具备自我反省的能力吗？

你向父母保证，自己下一次的考试成绩会提高，可是最后的分数却降低了。这时候你会怎么做？

A．希望父母永远不要谈及这个话题。

B．主动向父母道歉，并且作出下一次保证。

C．再不想回到自己的家里。

结果分析

选择A：你的自尊心超强，如果经历了失败，很容易会否定自己的一切。不过，你却拥有深刻的反省能力，这种能力很可能会影响你的性格，使你变得内向而神经质。

选择B：你的反省能力一般，因为在你看来，无论失败或成功都不足以改变人生的方向。

选择C：你的反省能力较强，不过感情太过脆弱，遇到问题总会寻找自己的原因。

自己拿主意——独立性是创造性的前提

> 我的忠告是每个人都应该坚持为自己开辟道路，不要被权威所吓倒，不要被别人的观点所牵制，也不要被时尚所迷惑。
>
> ——约翰·沃尔夫冈·冯·歌德

◎读一读，想一想

　　一个人的独立性是生存的开始，也是成功的保障。如果一个人总是要靠别人的搀扶才能行走，要靠别人的指点才知道如何行动，那么一旦失去别人的帮助，自己就没办法生存下去了。所谓独立性，就是指思维的主体——即人在进行思维时，不拘泥于旧框框，不迷信于权威，不屈从于压力，不去扭曲思维和实践的规则，而只坚持实事求是、遵循真理的道路。也就是说，创造性思维是在"不唯上，不唯书，只唯实"的状况下进行活动的。

　　创造性思维是一种非常活跃的思维运动，它的激发因素和能力表现形式大多是非理性因素，这就更加增加了它的动态性。但是，同任何其他活动和游戏中有规则一样，创造性思维也有自己应遵守的规则，否则，创造性思维就会由有序走向无序，由具有严密的逻辑思维能力走向逻辑混乱，就同个人的任性、固执、褊狭、幻想或奇发异想等毫无区别了。创造性思维的规则也就是人们使自己的思维具有创造性必须遵从的原则。

很多哈佛的学生都在哈佛收获独立的思想和充足的技能，而他们也敏锐地捕捉着身边的机会。扎克伯格的Facebook就是一个例子，这位计算机天才因为觉得学生选课系统有待改进，就在大二时写了一个叫"课程配对"的程序，让学生们可以在其他学生选课的基础上决定自己的选课，并方便组成学习小组。而现在成为全球最大社交网络的Facebook，仅仅是源于扎克伯格想设计一个书院里的社交平台，让大家可以去投票哪个女生或男生长得最漂亮。

扎克伯格当年的室友哈西说："扎克伯格运用自己的创意和技能，去满足哈佛校方无法顾及到的应用需求，最终建成了比大学本身能做得更好的网站。"2004年，大二学生扎克伯格从哈佛辍学；2011年，扎克伯格带着荣耀回到母校招募员工。当时哈佛大学发言人塔妮亚·狄鲁兹瑞嘉发布消息：我们非常高兴他来此地，整个校园的欢迎气氛显而易见。尽管Facebook一开始受到哈佛规章的压制，但最终，哈佛大学鼓励了自己学子的创意。

思维的独立性不仅表现在排除外界因素干扰方面，也表现在思维主体自身的思想解放、打破常规方面。每个人在进行活动和思考时，一方面，他要尊重事实，从当前的客观情况出发；另一方面，他还受到自己头脑中已有的思想、观念的影响。那么，如何正确地看待这一方面，就关系到思维主体的思维独立性问题了。有些人至死不愿放弃自己头脑中的旧观念，有的人过于谨小慎微，放不开步子，影响其独立性思维的展开。

对于青少年来说，做人做事，首先就要学会独立思考、明辨是非，能够坚持自己的观点。所谓的独立思考，就意味着要学会自己拿主意，要勇于坚持自己的想法。当你真正拥有了独立思考能力之后，就向成长迈进了一大步！

◎哈佛成功指南

哈佛教授经常教导学生，人必须忠诚于自己，不要总是顾虑别人的想法，总是想取悦于人。生活的最可贵之处，就在于按自己的想法生活，做你自己，不断丰富充实自己的内心。不论做什么事情，都要坚持自己的想法，要学会独立思考，大胆说出自己的观点。你必须明白，每一个人对待事物的看法和评价都不同，一味在意别人的看法而没有自己主见的人，很容易迷失自己的方向；而那些拥有自己主见，敢于说出自己观点的人，更容易主宰自己的命运，也更容易获得成功。

◎哈佛心理研究院

你是一个有主见的人吗？

现在的人都很想养一只宠物狗，可是你却对宠物狗不感冒。直到有一天，邻居家要去外地旅游，将一只可爱的小狗寄养在你的家里，你渐渐爱上了这条小狗。几个月过去了，邻居家旅游归来，准备将小狗接走，这时你会有怎样的反应呢？

A. 心中有一点淡淡的落寞。

B. 难过得大哭好几天。

C. 请求邻居将小狗送给你。

D. 虽有不舍，却也觉得如释重负。

结果分析

选择A：你相当有主见，也有一套自我的生活目标，不太会因为一些没有建设性的事而浪费时间，理性远远超越感性。

选择B：你很容易受环境影响，对于是非善恶没什么辨别能力，最好谨记"近朱者赤、近墨者黑"的原则。

选择C：只要对方敢要求，你就不会说"不"，所以你是一个没有原则的好人，也因此容易成为别人利用的工具。

选择D：你不是绝对主义者，对于自己没有兴趣的事，可能连碰都不想碰，但对于自己喜爱的事物，可能会沉溺得无法自拔，反应两极化。

用"哈佛激情"打造创新思维

> 思维是从疑问和惊奇开始的，一切的事物从未知变成已知，都是因为有人提出了问题，提出了为什么。
>
> ——亚里士多德

◎读一读，想一想

你知道哈佛大学最喜欢什么样的学生吗？当然是具有创新思维的学生。

创新能力一部分来源于天生，一部分来源于后天的培养。不过，很多青少年并不善于运用这种能力，或者缺少运用这种能力的意识。如果一个人无法运用好创新思维，就会被自己的经验所束缚，永远都在做一些机械化的思维运转，这样便很难取得突破性的成功。

在哈佛的校徽上言简意赅地刻着"真理"两个字，而在哈佛人的心中，除了追求真理，还有一个更重要的精神——创新的激情。对于一个人来说，如果无法创新，那也就意味着没有了思考的能力，甚至失去了自己的个性。所以，在青少年的想象力还没有被成熟磨平之前，应该尽可能地去开发自己的创新能力，这样的创新可以为你的学习带来动力和激情。

其实，我们在面对很多问题的时候，都很容易让自己的思维受到局限和束缚。为了打破这种局限和束缚，就必须保持良好的创新能力，不要让自己的思维陷入死角。当你换一种方式、换一个角度去思考问题时，会发现一切都变得与众不同了。这也就是"哈佛激情"所能带给你的东西。

关于创新思维，哈佛大学提出了"创造新思维框架的五步法"：

第一步：怀疑一切

这意味着对自己现有的认知、假设、局限以及思维模式进行提问，同时承认存在一些人性偏好可能会导致我们走错路或产生认知偏差。改变现有看法往往比拿出新思路更难。为帮助人们解开固有思维束缚，需要创造怀疑氛围，识别并对既定思维模式进行挑战，最后锁定需要深入探究的思维模式和问题。

第二步：探索可能

基于了解现有思维模式缺陷的基础上，细致地进行探索和研究尽可能多的相关信息。顾客洞察包括详尽了解用户或最终消费者选择产品或服务的原因、地点、时间、方式，以及我们为什么会被潜在消费者拒之门外。竞争情报包括了解当前和潜在竞争对象，以及他们对业务可能不同的认知框架。大趋势包括识别和审视将会对行业和整个世界产生重大影响的主要社会、经济、政治、科技趋势。

第三步：发散思维

设想尽可能多的可能，更准确地描述问题，并提前理解所有相关的限制，使用有画面感和能够唤起热情的问题。帮助提升创造性的方式有很多，但他们背后的运作机理均相同，均为改变视角，使得可以产生新的看法、联系和组合。

第四步：收敛

对在发散过程中产生的所有新主意使用预先设想的标准进行挑选、排序，并将其付诸实践。

第五步：不断重新评估

假设一家公司，运营卓越、效率完美、营收优秀。这种情况下公司的CEO的角色是什么？我们发现卓越成功企业的CEO并没有懈怠并维持一成不变的运作方式，他们反而在持续地评估，并决定何时实施哪种新的思维框架。保持成功与获得成功的难度不分上下。

基于不同的视角看问题的价值不可估量。我们认为新的想法本身并不能使企业在竞争中顿悟，需要做的是改变对现有思维和周围环境的审视视角。以怀疑开始，在进行创新进程前积极地识别并挑战已有的思维模式，是用创新推动持续成功中的关键要素。这不是一劳永逸，而是一个持续不断顿悟的过程。

也许你以后上不了哈佛大学，但是这并不意味着你就一定比哈佛出来的学生差。只要你愿意，善于经营自己的强项，你也一样会很优秀，甚至更好。拥有正确的心态，不要因为羡慕别人的风景而把自己的风景给耽误了。在漫漫的人生旅途中，找到自己的强项，也就找到了通往成功的大门。选准自己的坐标后需要立即行动，没有走出去的冒险精神，你的选择永远不会实现。

◎哈佛成功指南

创新都是大脑与思想的产物，所以要培养自己的创新能力，就必须培养自己的想象力与思维能力。在创新的过程中，肯定会遇到很多困难与阻挠，在关键的时候还要学会鼓励自己，勇敢地坚持自己的想法。世界上没有两片完全相同的树叶，每个人的天赋也是不同的。你也许在某个方面表现突出，而其他方面则可能有所欠缺。所以，你最好集中自己的潜能优势，寻找一个与之相符合的发展方向，这样成功的机会才可能多起来。

你的明辨是非能力如何？

听说社区门前贴了张悬赏告示，奖金是10万元，你觉得是在找什么？

A. 寻找失物

B. 寻人启事

C. 寻找宠物

D. 为交通事故或其他犯罪事件寻找线索

答案分析

选择A：你很容易识别善恶，并产生警戒。

你很容易识别善恶，也很容易进入戒备状态：如果有一个可疑的人在你的面前出现，你会采取很引人注意的防御行动，让大家都知道你的态度。虽然你的观察力不错，可是容易冲动行事，打草惊蛇，反而将自己的想法泄露给对方。明枪易躲，暗箭难防啊！

选择B：你能识别善恶，但不随便起疑。

你能洞悉人性的复杂和险恶，但不会随便怀疑别人，因为你有强烈的好奇心，也喜欢和人相处，相信人性有美好的一面，久而久之，便见识到了各种人的嘴脸，并且能和不同的人处理好关系，能在喧闹的人群中游刃有余、怡然自得。

选择C：你太天真善良，根本无法辨别人心。

有没有听过人家这样骂你："笨蛋！这么幼稚，人家把你卖了你还帮人家数钱呢。"说真的，这是值得你好好想一想的问题。因为你纯真善良的本性根本无法辨识人心的真伪善恶，总把事情都想得很美好，是很容易受伤的。

选择D：你不但能洞悉善恶，你的精明令人畏惧。

真佩服你的精明，你的警觉性很高，一点儿不对劲的状况马上就能引起你的注意，很少有人能唬得住你。而你也有精确的判断力，能迅速掌控全局，马上就把对方的底细探得一清二楚。

追求真理，要学会对权威说"不"

> 永不向权势低头，但要摘帽为礼。
>
> ——吉姆·菲比格

◎读一读，想一想

在哈佛精英的培养过程中，如果一个人没有说"不"的勇气，仅仅是人云亦云，随波逐流，没有对既定的事物发起质疑的眼光，那么他是不能够有出类拔萃的表现，也不会有高人一等的学术造诣，同样，也不会成为超越他人的人中龙凤。对于一个着力培养人才和精英的高等学府，仅仅要求学生有优异的成绩是远远不够的。真正的精英，必须有质疑权威的意识，有追求更高真理的目标，有对权威说"不"的勇气。

哈佛大学教授安娜·斯洛博士在接受《中国青年报》采访时说："哈佛的学生在学习中经常互相提问、辩论、质疑，甚至批判对方的观点。这样的学习培养了学子们敏锐的思维和分析能力，以及持续学习和刻苦学习的习惯。同时，也培养了从不同视角看待问题的习惯和创新能力。"哈佛鼓励学生具有颠覆和批判的眼光。敢于质疑，善于质疑。虽然，敢于对权威说"不"是每个精英人士必备的勇气，哈佛大学也着重培养学生勇于质疑的精神，但是，勇于质疑不代表可以随意对别人无礼，对权威说"不"也需要技巧。

那么，对于青少年来说，应该如何有技巧地说"不"，有礼貌地提出自己的质疑呢?

首先应该明白，质疑不是叛逆

叛逆是青少年朋友常常会有的情绪，是一种强烈的自我表现欲。在思维上标新立异，在行为上异于常人，希望以此引起别人的注意。叛逆会让人为了否定而否定，为了说"不"而说"不"。尤其是愿意与家长、老师等"唱反调"，认为家长的话有错误，认为老师的话不可信，甚至对其他优秀的人也会无端否定。

其次，尊重是质疑的基础

两百年来，哈佛的学生们从来没有停止过质疑权威、追求真理，他们为世界的物质生活和精神生活做出了无法估量的贡献。然而，虽然他们敢于对权威说"不"，却从来没有对真理和自己的教授有过不尊重。即使是在自己十分怀疑的时候，也是以十分恭敬的态度来质疑权威的。在质疑他人的时候，请给予足够的尊重。如果在课堂上对老师所讲内容有不同看法，那么请举手示意老师，得到老师的许可之后提出自己的质疑;在与师长进行探讨的时候，充分发扬尊师重道的精神，有修养地去"找碴儿"。

最后，说"不"也要深思熟虑

如果只会说"不"，却不知道为什么"不"，那么，这样的质疑是无效的，也是无知的。怀疑别人是错的，前提是自己知道什么是对的，或者已经掌握了别人错的证据。

在今天这个关系紧密的社会当中，无知会给自己和身边的人造成不好的影响。培养质疑的精神，目的是为了更好地追求真理与知识。那么，在质疑原有真理和权威的时候，首先我们自己要注重知识的培养，在提出疑问的时候，不要让自己的质疑被别人称为无知。

质疑一件事情，不要只看到一个点上的可疑之处就完全否定这件事的全部。要穷尽各种可能，通盘考虑，深思熟虑之后才能下结论。

◎哈佛成功指南

心理学家毕淑敏说："合理地拒绝一些东西，才能得到更珍贵的东西。"如果你不想拥有平庸的一生，那么就要学会及早说"不"。要明白，学习是一个解决疑问的过程，如果说学习没有"可疑"之处的话，那我们的学习就不可能进步，只会故步自封。所以，做学问一定要善于发现问题，敢于探索问题的真相，去探究解决问题的途径，只有这样才能获得成功。虽然权威并不总对，但是我们在保有质疑精神的同时，也要充分尊重权威。既能尊重权威又能质疑权威，在保有自己的思想、不盲从的同时，也要通过正确合适的方法来捍卫自己追求真理的尊严。这样，才能成为一个有修养的成功人士。

◎哈佛心理研究院

测试你是不是一个有修养的人？

1. 你对待店里的售货员或饭店的女服务员是不是跟你对待朋友那样很有礼貌呢？

2. 你是不是很容易生气？

3. 如果有人赞美你，你是不是会向他说"谢谢"呢？

4. 有人尴尬不堪时，你是不是觉得很有趣？

5. 你是不是很容易展露出笑容，甚至是在陌生人的面前？

6. 你是不是会关心别人的幸福和舒适？

7. 在你的谈话和信中，你是不是时常提到自己？

结果分析

1. 是。一个富有修养的人，不论是对什么样身份的人，始终都彬彬有礼。

2. 不是。动不动就生气的人修养不会很好。

3. 是。善于接受他人赞美是一种做人的艺术。

4. 不是。幸灾乐祸显出你的修养较差。

5. 是。微笑始终是对你自己或其他人通往快乐的最好的入场券。

6. 是。关心体贴别人是一个人成熟和有魅力的第一个条件。

7. 不是。那些经常大谈他自己的人很少会受到别人的欢迎。

Harvard

half past four

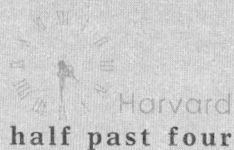

　　很多人都以为，哈佛大学就是一个学习的地方，能够进入哈佛大学深造的多半都是"书呆子"——他们只会埋头学习，在堆积如山的书本和试卷中度过一天又一天！如果你对哈佛有所了解，可能就不会产生这样的误解了，因为哈佛学子不仅拥有丰富多彩的校园生活，还拥有扬长避短的兴趣爱好。他们很注重自己的课外活动，知道如何在枯燥中寻找学习的乐趣。

第四章

扬长避短的兴趣爱好：
从枯燥中找点学习乐趣

认识自己、发掘爱好——每个人都是"天才"

> 伟大的人是决不会滥用他们的优点的，他们看出他们超过别人的地方，并且意识到这一点，然而决不会因此就不谦虚。他们的过人之处越多，他们越认识到他们的不足。
>
> ——让·雅克·卢梭

◎读一读，想一想

人生的第一件大事就是认识自我，只有认识自我的人才能准确判断自身的价值，才能找准人生的定位，才知道如何发掘自己的潜能与特长。如果不能很好地认识自我，就无法给自己准确的定位，更无法选择一个适合自己的舞台。青少年朋友必须明白，你怎样给自己定位，选择了怎样的舞台，就将决定你未来会拥有怎样的舞台。

哈佛学子大都能够认识自己，都知道自己喜欢什么，应该如何发掘自己的爱好与特长。他们不会一味地埋头苦学，而不知道抬头看路，不知道从各方面提高自己的综合素质。哈佛大学也十分重视学生的综合素质培养，因此经常组织各种课外活动，为学生们提供更多展示自己的机会。其实不止哈佛大学如此，美国的学校都很重视学生的课外能力培养，而不是让他们"死读书"。

李扬是中国著名的配音演员，被戏称为"天生爱叫的唐老鸭"。李扬在初中毕业后参了军，在部队当一名工程兵，他的工作内容是挖土、打坑道、运灰浆、建房屋。可是李扬明白，自己身上潜在的宝藏还没有开发出来，那就是自己一直钟爱的影视艺术和文学艺术。

在一般人看来，这两种工作简直是风马牛不相及。但李扬却坚信自己在这方面有潜力，应该努力把它们发掘出来。于是他抓紧时间工作，认真读书看报，博览众多的名著剧本，并且尝试着自己搞些创作。退伍后李扬成了一名普通工人，但是他仍然坚持不懈地追求自己的目标。

没过多久，大学恢复招生考试，李扬考上了北京工业大学机械系，成了一名大学生。从此，他用来发掘自己身上宝藏的机会和工具都一下子多了起来。经过几个朋友介绍，李扬在短短的5年中参加了数部外国影片的译制录音工作。这个业余爱好者凭借着生动的、富有想象力的配音风格，参加了《西游记》中的孙悟空的配音工作。1986年初，他迎来了自己事业中的辉煌时期，风靡世界的动画片《米老鼠和唐老鸭》招聘汉语配音演员，风格独特的李扬一下子被迪斯尼公司相中，为可爱滑稽的唐老鸭配音，从此一举成名。李扬说，自己之所以成功，是因为一直没有停止过挖掘自己的长处。

对于一个人的事业而言，最大的危机就是业不精专，没有一项自己的特长。根据调查，人们还发现这样一个非常有趣的现象：现代教育培养起来的工商管理硕士往往更执着于自己的方法，发展专长的范围虽然有限，但十分专精；而自行创业的人比较喜欢凡事一把抓，以至于专业无法专精。没有人限制他们在某一专业领域发展所长，他们也认为没有必要总把自己局限在那里。他们常常庆幸能有较多的发展机会，而这些恰恰正是造成他们失败的最主要因素。但更为可怕的是，这些多才多能的人，往往认识不到自己之所以失败的真正原因。

我们每一个人都是独一无二的。如果我们要独立自主，想发展自己的特点，只有靠自己。但这并不表示我们一定要标新立异，并不是说我们要奇装异服或是举止怪诞。事实上，只要我们在遵守团体规则的前提下保持自我本色，不人云亦云，不亦步亦趋，就会成为我们自己。保持自我本色这一问题，与人类历史一样久远了。詹姆士·戈登·基尔凯医生指出："这是全人类的问题。很多精神、神经及心理方面的问题，其潜藏病因往往是他们不能保持自我。"安吉罗·派屈写过13本书，还在报上发表了几千篇有关儿童训练的文章，他说："一个人最糟的是不能成为自己，并且在身体与心灵中保持自我。"

◎哈佛成功指南

成功的诀窍在哪里？哈佛会告诉你，在于经营自己的长处，做自己最感兴趣的事。一位名人说过："兴趣比天才重要。"谁正在从事自己最感兴趣的工作，谁就等于踏上了通向成功的道路。"一个人只有从事自己感兴趣的工作，才能取得非凡的成就。"每个人都不可能是十全十美的，你有你的特长缺点；他有他的优势劣势，因此，当别人优秀或者某一科成绩高于自己的时候，你根本没必要沮丧或者难过，你只需要好好抓住自己的特长，努力培养自己的爱好，把自己擅长的事情做到最好，成为自己的"天才"。

◎哈佛心理研究院

你的大脑理性还是感性多一点儿？

好友花了380元钱买了件漂亮的连衣裙，问你怎么样。你发现这裙子同事也买了条一模一样的，花了260元钱，你会怎么回答好友？

A．虽然知道她可能买贵了，但考虑到她的心情说："很好啊！穿起来很漂亮很适合你！"

B．告诉她真相，下次才不会吃亏："你买贵了，我同事买了条和你一模一样的才花了260块呢！"

结果分析

选择A：你是个偏重感性思维的人。你注重现实，乐于行动而不愿做过多思考；生活对你来说很简单，你不愿将自己局限在条条框框里，而宁愿根据自己的感觉做决定，有时甚至明知道利益会有所损失，也会执着地按照自己的喜好去做。

选择B：你是个偏重理性思维的人。你对观念、抽象事物、哲学问题感兴趣，以求知、钻研为目的，富于思考和内省；理性的你很少将感情和工作混在一起，这对你事业的发展是很有好处的，但也因为有时显得太实事求是而忽略了朋友、家人的心情，让他们难受的同时你也感到很苦恼。

独乐乐不如众乐乐，分享和交流也很重要

倘若你有一个苹果，我也有一个苹果，而我们彼此交换苹果，那么我们仍然各有一个苹果。但是，倘若你有一种思想，我也有一种思想，而我们彼此交流这些思想，那么我们每人将各有两种思想。

——萧伯纳

◎读一读，想一想

哈佛大学给学生们提供了一个自由学习、相互交流的平台，事实上哈佛教授们都很鼓励学生们在学习过程中多进行交流与探讨，多和同学们分享自己的学习经验。一位哈佛教授曾说："培养自己的才华绝对不是闭门造车，当你懂得了分享和沟通，才能让你的才华被大家了解，同时也让自己的才华有更大的进步空间和用武之地。"

这种分享的能力也是哈佛大学一直提倡的。关于分享，百年哈佛教给学生们这样一个法则："快乐绝对不会因为你给了别人就变得少了。相反地，当我们为他人付出了，付出得越多，同时我们能享受到的快乐也就越多。而且，这种快乐是从内心深处自然发出来的，可以说是一种非常甜美的快乐滋味。"哈佛就是在告诉世人，付出体现了人性的美好，同时也体现了一种处世智慧，更体现了快乐之道。与其自己快乐，不如将自己的快乐拿出来与大家分享，这样所有人都将体会到更大的快乐。

　　杰克种植果树有好些年头了，拥有十分丰富的种植经验。经过多年的潜心研究，他培育出一种优质的新品种果实。这种果实皮薄肉厚，果汁十分香甜，并且很少会有虫害。

　　到了收获的季节，杰克的新果子引来了很多果商前来购买，这让杰克发了一大笔财。

　　当地的果农都想学习他的成功经验，也想借用他培育的果苗进行繁殖，可是杰克却不愿意和其他果农分享，因为他觉得其他人也种上那种新果子，最后肯定会影响到自己的生意。于是，杰克都狠心拒绝了。

　　其他人没有办法，只能种原来的老果子。可是到了第二年的果熟季节，杰克的果子质量却大不如前，因为他的果园旁边都种的是老果子，所以开花的时候和他的新果子"杂交"了，这才导致自己的新果子质量下降，连果商都不买他的果子了。

　　杰克十分着急，便去城里找专家求助。专家听了他的讲述之后，微笑着说："想让自己的果子质量提高，只要学会分享就行了。如果你愿意把自己的好品种分享给当地人一起来种，就不会出现果子质量降低的情况了。"

　　杰克按照专家的方法去做了。第二年，当地人都收获了好果子，一个个都开心不已。杰克也同样开心，因为他学会分享之后，才发现这是一件让人感到幸福的事情。

分享可以让人感到快乐和幸福，而懂得分享的人往往心胸宽广，容易感知到幸福。相反，不懂得分享与付出的人，往往心胸狭隘，对于幸福的感知能力也不强。一个懂得分享的人，无论在什么地方，他的前程都是一片光明；而不懂得分享的人，他就像人的眼睛一样，容不得一点沙粒。想要得到更多的快乐，却不愿意分享自己的快乐，这样的人只会越来越不快乐，越来越不幸福。

对于青少年来说，现在正值学习知识的黄金时期，在独立钻研的同时，要学会与大家分享新发现、新成果，相互磋商，彼此分享，创造一种积极互助的关系。合作能够产生合力，分享能让人领先一步。因为每一个人的才华与智慧都有其独特性，所以在一个合作团体内，如果能够交换、分享、包容不同的特点，就会产生整体大于单一要素的整合作用。

诗人说：快乐就是一种流动的空气，如果你不懂得分享，就等于关上了自己的心窗，快乐也无法流向你。这样，不但外界的快乐无法进入你的心扉，连你自己的快乐也被慢慢消耗掉了。所以，青少年朋友都学会分享吧！分享了快乐，总会收获幸福。

◎哈佛成功指南

在当今社会，分享已成为构建良好人际关系的一个重要条件。如果一个人肯主动与他人分享自己的物品或成功经验及建议，那么他就比较容易赢得别人的好感和信赖，也能收获到对方真挚的友情。有分享意识的人，更容易被他人喜欢和接纳，也更容易被团队接纳，融入社会大环境。一份快乐，如果与他人分享，快乐就会放大很多倍；一份烦恼，如果与他人分享，烦恼就会缩小很多倍。所以，我们要学会与他人分享。一个懂得分享与沟通的人，生命就像加利利海的活水一样，丰沛而且充满活力。只有懂得与别人交流和分享，我们才能够在智慧和情感的分享中不断地提升与发展。

◎哈佛心理研究院

你是一个不懂得分享的人吗？

拿出纸笔，记下你每一题的答案，再对照后面的计分方法算出得分：

1. 你在大街上走着，怎样会让你感觉最别扭呢？

    A．拿了特大的黑皮包

    B．穿着过时的衣服

    C．领着别人的孩子

2. 你要到校庆晚会上去当嘉宾，你认为什么颜色的衣服最出彩呢？

    A．红

    B．黄

    C．绿

3. 在价钱和主要性能差不多的情况下，你会根据哪一点来选择一台电脑？

    A．环保

    B．配置

    C．款式

4. 夏天，你要去的避暑胜地却遭遇了百年不遇的洪灾。你的第一反应是：

    A．完了，我的计划泡汤了

    B．气候问题真成了全球的公害

    C．那里的人真可怜

5. 和同学同时在完成一个任务，到紧要关头时她的电脑突然坏了，你会：

    A．放下自己手头的事，全力帮助她

    B．不管她，抢先独自完成自己的任务

    C．先平静地处理好自己手头的事，然后再帮助她

6. 你的一位同学遭受了重大打击，于是向你来寻求安慰，而你正好要去参加一位好朋友的生日聚会，你会：

    A. 对他说你现在有很重要的事，改天再说

    B. 就算不情愿，还是留下来陪伴他

    C. 不去参加聚会，并像哥们儿一样和他谈心

7. 一位魔法师答应可以对你的人生作一项改变，你会选择：

    A. 最美的容貌

    B. 最多的朋友

    C. 最多的金钱

8. 有机会让你做一件你一直不敢做的事而且确保不会有任何不良后果，你最想做的是：

    A. 向暗恋已久的对象表白

    B. 把你最不喜欢的老师臭骂一顿

    C. 摸一下老虎屁股

9. 世界上只剩下一种食物可以吃，你希望它是：

    A. 甜食

    B. 蔬菜

    C. 肉

10. 当你的生命只剩下一天了，你选择如何度过呢？

    A. 和每个朋友告别

    B. 和家人享受家庭生活

    C. 痛快地疯玩一天

计分方法

按A、B、C顺序计分如下：

1. 2 1 3   2. 3 1 2   3. 1 3 2   4. 3 2 1   5. 1 3 2

6. 3 2 1   7. 2 1 3   8. 1 3 2   9. 3 1 2   10. 1 2 3

结果分析

15分以下：有好事的时候，你总是最后一个才想到自己；而当别人有困难的时候，你也会毫不犹豫地伸出援手。但好心到了泛滥的程度同样是要引起"灾难"的，你的滥用好心不仅会给别有用心的人可乘之机，就连你的朋友有时也会难以承受，好心也需要一个限度。

15~25分：你总能很好地平衡个人和他人间的利益。一方面，你能够做到真诚地对待朋友，又总能顾及别人的面子，这使你总能让别人信任；另一方面，你的谨慎使得你既不轻易付出什么，也绝不会在原则问题上让步。但你难以和自己不同类的人相处。如果你给心胸狭窄的人留下圆滑的印象，那你可就惨了！

25分以上：你这人确实很精明，比较擅长自己制造快乐，享受更是你不用学就会的天赋。然而，过于以自我为中心，只考虑自己，不顾及别人，这种自私的性格会让你失去许多，朋友们也可能因此而远离你。

别做完美主义者，否则乐趣容易变无趣

> 我能坚持我的不完美，它是我生命的本质。
>
> ——阿纳托尔·法朗士

◎读一读，想一想

　　每个人会有很多爱好，但是我们要做的并不是面面俱到，追求完美，而是在兴趣的基础上，发展最有潜力、对我们未来最有帮助的兴趣。这就是我们说的，应该把自己的爱好和每天要做的事情分门别类，划分等级，做一个有规律的人，而不是一个完美的人。人们总是根据事情的紧迫程度来安排做事的先后，实际上这并不科学。而成功人士都是以事情的主次来安排做事的程序，把时间用在回报率最高的事情上。也就是说，你要把时间用在最有回报的事情上，而不是所有的事情上，再没有其他的办法比按重要性办事更能有效地利用时间了。所以，要永远先做你最拿手的事情，包括你的业余爱好。

　　山田先生从大学毕业进入电机公司时，被派往财务科就职，做一些单调的记账工作。由于这份工作连初中或高中的毕业生都能胜任，山田先生觉得自己一个大学毕业生来做这种枯燥乏味的工作，实在是大材小用，于是他无法在工作上全力投入，加上山田先生大学时代成绩非常优异，因此，他更加轻视这份工作。因为他的疏忽，工作时常发生错误，遭到上司责骂。山田先生认为，自己假如"当时能够不看轻这份工作，好好地学习自己并不专长的财务工作，便能从财务方面了解整个公司，这样一来，财务工作就会变得很有趣。"然而由于他自己轻蔑这份工作而致使山田先生对财务工作没有全力以赴，以至于被认为不适合做财务工作而被降至营业部门。但身为推销员，又必须周旋于激烈的销售竞争中，于是山田先生又陷入窘境，这对于他而言，又是一种不满。

他并不是想做一个推销员才进入这家公司的，他认为，如果让他做企划方面的工作，一定能够充分发挥他的才能，但公司却让他做一个推销员，实在令人抬不起头。所以，他非常轻视推销的工作，尽可能设法偷懒。因此，他只能达到一个营业部职员的最低的业绩标准。

山田先生因此而丧失身为一个推销员的资格，并被调至调查科。与过去的工作比较起来，似乎调查工作最适合山田先生。终于让山田先生遇到一份有意义的工作，热爱并投身于此，因此才逐渐提升其工作绩效。但由于失去5年左右的时间，山田先生非常马虎的工作态度，使他的考核成绩非常不理想，当同期的伙伴都已晋升为科长时，只有他陷入被遗漏下来的窘境。

大多数的人未必一开始就能获得非常有意义的工作或非常适合自己的工作。倒是有相当一部分的人，刚开始被派做一些非常单调、呆板以及自认为毫无意义的工作，于是认为自己的工作枯燥无味，或者认为公司不能发现自己的才能，因而马虎行事，以至于无法从该工作中学到任何东西。

那么我们可以按照怎样的顺序来决定我们的做事步骤呢？怎样才能避免完

美主义呢?

第一，把自己的兴趣爱好罗列出来，不要想太多，只是把它们写下来，然后做在表格中，如果超过了5项，那么就请你尽量合并或者删减，因为一个人的精力是有限的。作为一个中学生，把自己的兴趣爱好和各个科目对应起来，比如你喜欢流行音乐，那么就和音乐课联系起来；你喜欢电脑，就和计算机以及数学课联系起来；喜欢看书，就在后面标注上语文等。这样一来，一目了然就能看到自己喜欢做的事情都是什么，对自己的学习能有什么样的帮助。

第二，分清楚喜欢和擅长。我们通常说的特长，指的是特别爱好并且擅长。有些同学说，我喜欢打篮球，我喜欢表演，可实际上自己只不过是单纯的喜欢，并非擅长，那么在这些爱好后面，你就要注明"需要学习"，而且对于这些爱好就可以适当地往后放，先完成那些自己的"特长"。

第三，老生常谈的就是持之以恒。不论是爱好还是学习，都不能半途而废，因此当你决定了自己的爱好，不管有多累都要努力坚持，直到做到最好。

◎哈佛成功指南

我们生活在一个为我们提供了无限机会的年代。这些选择的机会让我们获得了极大的自由，但同时也给我们带来了困惑。有很多人总是想要做到完美，而最后忘记了自己的兴趣究竟是什么，造成这种局面的原因是他们多年来压抑自己的愿望，忽略了自己的内在，他们总是急于模仿他人，却忘记了真实的自我。也许，现在的你还不清楚自己的兴趣所在，或擅长什么，这就需要你在学习和成长中善于发现自己、认识自己，不断地了解自己能干什么，不能干什么，将自己的爱好——列举，分门别类，从自己最拿手的事情开始做，一件一件，稳打稳扎，如此才能取之所长、避之所短，进而找准坐标，通过奋斗取得成功。

你具有完美主义倾向吗?

请根据自己的真实情况,回答下面的问题:

1. 你是否认为成功或完美的人,才是有价值观的人呢?

2. 在与他人交往时,你是否总担心自己的言行举止不得体?

3. 完成某件事情后,你是否总害怕出现纰漏?

4. 你是否经常觉得自己这也不行那也不行呢?

5. 当你没有达到某个目标或个人标准时,你是否不能原谅自己?

6. 你是否总有一种不完善感?

7. 当你遇到挫折和失败时,你是否总是责难自己或万念俱灰?

8. 你是否总是努力去赢得人们的赞赏?

计分方式

回答"是"得1分;回答"否"得0分。

结果分析

如果你的积分累计小于3分,说明你离完美主义还有一段距离。

如果你的积分在3~5分之间,说明你有完美主义倾向。

如果你的积分大于5分,说明你是一个绝对的完美主义者。

3分钟的热情，还是一辈子的热忱

> 一个人不管做什么事情，热忱都是必不可少的品质，因为热忱可以让你全身心地投入，将事情做得更快、更好。这也是每一位成功人士所必须具有的品质。
>
> ——奥里森·马登

◎读一读，想一想

美国自然科学家杜利奥在自己的著作中写道："如果一个人失去热忱，他就会显得比实际年龄老很多，精神也会不佳，一切似乎都不在状态之中。"这便是心理学上著名的"杜利奥定理"。

一个对学习、对生活充满热忱的人，通常拥有乐观而积极的心态，做起事来也有干劲。他们总是处于正面情绪中，对知识充满了渴望，而且精力充沛。他们拥有明确的目标，能够坚持自己的使命，在学习中竭尽全力。

那么，热忱到底是什么呢？可能很多人都会说，热忱就是对某件事情充满了热情，是对于自己理想的热衷，或者是慷慨与不计回报地付出。

在哈佛大学，曾经有一个著名的实验：心理学教授对1500位学生进行了一番调查，调查的题目就是："你选择自己的专业，是因为自己的爱好，还是想在将来赚更多的钱？"

那些被调查的学生中，245人选择是由于自己的爱好，有1255人选择了赚钱。

这项调查一直持续了10年，其主要目的就是想了解为了个人爱好和为了金钱而努力奋斗的结果是怎样的。

10年之后，调查的结果出来了。为了金钱而学习和工作的人，只有1位成为真正的富翁，而245位因为个人爱好而学习和工作的人，有116位成了富翁。

这样的结果有点出乎我的意料，在日常学习与工作中，很多青少年朋友学习的目的就是为了将来能够赚更多的金钱。但是哈佛的研究成果让我们知道，能够改变你的命运，让你成为富翁的唯一出路，就是做你喜欢的事情，对学习永远都保持热忱。

无论是学习，还是将来的工作，我们都应该具备热忱的心态。因此真正的热忱，就是热爱自己所学习的课程，热爱自己所从事的工作，这样才能在学习与工作中获得更多的快乐，把学习与工作当成一种享受，而不是痛苦地去完成某种任务。

对于青少年来说，学习成绩一般并不可怕，可怕的是失去对学习的热忱。如果缺少热忱，将很难从学习中体会到乐趣，甚至会将学习当成是一种机械地重复。

那么，我们应该如何培养对学习的热忱不降温呢？

第一，每天都让自己充满热情。这种热情不仅是对学习，对课堂，对老师与同学，而是生活中的每时每刻都要有热情。最好能够保持你的微笑。

第二，试着去传播好消息。当你的学习取得一定成绩的时候，试着将它与身边的人一起分享，让他们看到你的进步，同时也要留意身边人的进步，要学会夸奖与赞美。

第三，真正地去了解你的学习。很多时候，青少年朋友接受的都是"填鸭式"的教育模式，对于自己的学习并不算特别了解。因此，要多了解自己的学习内容与学习方式，并且从中找到更好的学习方法。

◎哈佛成功指南

"星星之火，可以燎原。"如果我们能够将所有的热忱，都用在每天的学习与生活中，不断学习新的知识，不断掌握新的技能。那么总有一天，我们能够散发出耀眼的光和热。所以，青少年朋友应该明白，热忱是一种行动力，只有这样对学习、对工作、对生活都充满了热忱，我们才能进一步地提高自己的学习与工作效率，让未来更加丰满。热忱也是一种坚持，当我们遇到困难与挫折的时候，始终要保持一颗热忱的心，去积极应对，去想办法解决。热忱也是一种思想，有了这种思想的人，才能从平常的学习中抓住最重要、最深邃的知识，让自己的精力发挥最大的功能。

◎哈佛心理研究院

当学习进入困境的时候，你会以怎样的心态去面对呢？

是产生厌学的情绪，还是继续保持自己的学习热忱？下面这10道题，请根据自身的情况进行回答。

1. 学习遇到困难时，你是否问老师？

　　A. 经常问　　　　　　　B. 有时问　　　　　　　C. 从来不问

2. 你关心自己的考试成绩吗？

　　A. 非常关心　　　　　　B. 有时关心　　　　　　C. 从不关心

3. 学习中你是否对困难的问题采取回避态度?

    A. 从不回避   B. 有时回避   C. 经常回避

4. 你经常提前完成老师布置的作业吗?

    A. 经常这样   B. 有时这样   C. 从不这样

5. 解题时,你是否经常试图找出较为新颖的解法?

    A. 经常这样   B. 有时这样   C. 从不这样

6. 没有师长的督促,你能主动学习吗?

    A. 主动学习   B. 有时主动学习   C. 不主动

7. 学习时,你会因为思想开小差而浪费时间吗?

    A. 不这样   B. 有时这样   C. 经常这样

8. 成绩不好的科目,你是否更努力去学?

    A. 更努力去学   B. 有时会更努力去学   C. 偶尔

9. 你是否认为不努力学习是不行的?

    A. 总是这样认为   B. 时常这样认为   C. 偶尔认为

10. 你常因为一些不重要的事情而请假不去上课吗?

    A. 从不这样   B. 有时这样   C. 经常这样

结果分析

选择A得3分,选择B得2分,选择C得3分。

1. 21~30分,你对学习充满了热情。

2. 11~20分,你的学习热情一般。

3. 0~10分,你缺少一定的学习热情。

过犹不及，再好的事情也不能沉迷其中

> 人是万物的尺度，存在时万物存在，不存在时万物不存在。
>
> ——普罗泰戈拉

◎读一读，想一想

哈佛大学招生办公室主任威廉·菲兹西蒙斯说过："尽情地去玩耍吧，去看看世界的样子，不要一直做'补习战士'，我可不希望你的引擎在到达哈佛大门前，就已经耗得没油了。也许你会在这一年发生自己的'人生节点'，从而更明确回到哈佛后，你想要得到什么。"

威廉·菲兹西蒙斯为每一位走进哈佛的学子都准备了礼物，其中最受学生欢迎的礼物就是一笔资助"间隔年"的奖学金。威廉鼓励那些刚被录取或者刚毕业的学生申请，如果拿到这笔钱，就用一年的时间去做自己想做的事情，比如环游世界，去接触不同的人，经历不同的人生。这就是哈佛大学所提倡的教育理念。

哈佛教授经常会对学生说："有时间就要走出图书馆，多到社会上去看看，因为大学是四年人生经验，而不是高学分。所以你要多参加校园里组织的活动，去学会理解与帮助别人，去学会满足别人的需求以及对别人刮目相看。千万不能认为，自己的生活只有校园而已，在校园里也不要过分追求完美，不要给自己过大的压力，因为生活不只是学习，还有很多很多。"

这样说来，是不是花在课外兴趣爱好上的时间越多，青少年所获得的快乐就越多呢？当然不是这样了，因为任何事情的发生和发展，都离不开"过犹不及"的道理。适当的兴趣爱好能够帮助你脱离枯燥烦闷的学习，可是如果花在兴趣爱好上的时间和精力太多，则会影响到你的学习及生活，让你得不偿失。

哈佛大学幸福课导师泰勒·本·沙哈尔说："我们的生活太忙碌了，总是想着用最少的时间做最多的事情，从而忽视了体会快乐。"生活中有太多美好的东西，可是如果拥有了太多，也不见得是什么好事。

泰勒·本·沙哈尔在幸福课上专门给学生讲了"过犹不及"的道理。他说："每个人都应该懂得'过犹不及'，多则劣少则精，比如几年前我在教授幸福学的时候，其实并没感受到多少快乐，当时我的教学工作进展很顺利，还担任了咨询顾问，在世界各地进行演讲，写作出书，和家人在一起，做很多充满热情的事……只是缺少真正的快乐。后来，我尝试着减少活动量，才渐渐找回了快乐的感觉。我也醒悟过来，原来影响我们生活的方式，比如爱情、工作、阅读、与朋友相处、写作等，都会造成'过犹不及'。"

的确，做任何事情都必须懂得"过犹不及"。如果你把学习安排得满满当当，肯定会因为学习压力过大而产生烦躁，甚至是厌学的情绪；如果你把重心过多地转移到兴趣爱好上去，每天花过多的时间去休息玩耍，肯定会影响到学习，让整个人变得懒散起来。

◎哈佛成功指南

在现实生活中，青少年所做的每一件事情，都要遵循"过犹不及"的原则。无论是学习，还是休闲娱乐，都要把握好分寸，掌握好火候。比如兴趣爱好，如果所花费的时间和精力太多，就会给自己带来负面的影响。除了兴趣爱好外，生活与学习中的其他事情也是如此，你要防止太"过"，也要防止"不及"，正因为这样，你才必须给自己一点时间与空间，去枯燥的学习中寻找到快乐。同时，也要把握好玩的时间。当你学习感到疲劳的时候，可以做一些体力"劳动"来让自己的大脑得到放松，无论是出去走动走动，还是站在原地好好运动一番，都能够让你得到放松。同时，适当的娱乐也很有必要，比如在休息的时间进行唱歌、跳舞，欣赏音乐、美术、电影等娱乐活动。

◎哈佛心理研究院

你有厌学情绪吗？

请根据自己的实际情况，对下列各题作出"是"或"否"的回答。

1. 我认为学习一点也没有意思。

2. 我是被迫无奈才不得不学习的。

3. 我一学习就提不起精神。

4. 在现在社会里，学习一点用处都没有。

5. 我认为学习是件苦差事。

6. 到学校上学太痛苦了。

7. 我是为了父母才去学习的。

8. 我对学习一点兴趣都没有。

9. 一上课，我就无精打采。

10. 上课时老师讲的内容我总是不完全理解。

11. 我常常抄袭同学的作业。

12. 就算是无事可做，我也不愿意学习。

13. 我认为自己不是读书的料儿。

14. 我背书包上学纯属在消磨时光。

15. 我上学常常迟到、早退。

16. 我与老师的关系不是很好。

17. 我上课注意力经常不集中，常常走神。

18. 我在学校里做一天和尚撞一天钟。

19. 我认为上学只是为了拿一张文凭。

20. 我最头痛的一件事就是考试。

21. 我盼望早点离开学校，以求得解脱。

22. 我对玩耍、上网、看录像等活动很感兴趣。

23. 我经常旷课。

24. 我一拿到书就感到头痛。

25. 课堂上老师讲的课我根本听不懂，也不想弄懂。

26. 考试考好考坏我无所谓。

27. 我上课时常做一些与学习无关的事。

28. 我常为自己的前途担心。

计分方式

每题选择"是"计1分，选择"否"计0分，然后将各题相加，得出总分。

结果分析

1. 0~10分：轻度厌学情绪。

2. 11~22分：中度厌学情绪。

3. 23~32分：重度厌学情绪。

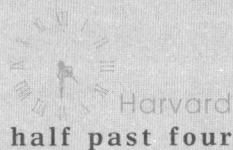

　　哈佛学子从入学的第一天起，就开始努力构建自己的人脉圈。他们的交往不仅仅局限于同学之间，还包括学校外的各种社交活动。因为在哈佛学子看来，一个人能够走多远，除了自身的努力和能力之外，还要看他身边的朋友，看他与谁一路同行。

第五章

如鱼得水的交友艺术：
一切都以真诚为基础

诚信是人生一切价值的根基

失足，你可以马上恢复站立；失信，你也许永难挽回。

——本杰明·富兰克林

◎读一读，想一想

诚信向来被视为是一种做人的重要品德，是一个人的处世之本、立世之基。哈佛在录取学生的时候，设有严格的诚信审查机制，一旦发现学生中有任何不诚信的行为，哈佛就会直接将这样不合格的学生淘汰。所以，哈佛要培养的不仅是世界一流的学术人才，更是道德上的优秀人才。诚信是成功的敲门砖，因而诚信教育是哈佛德育教育中的一项重要内容，所以哈佛在德育方面也是十分重视、颇费苦心的。通俗地讲，诚信就是说话、办事都非常实在，没有欺瞒之心，更没有骗人、害人的想法。

哈佛人深知，在信息时代讲究诚信是非常重要的，所以时刻都以诚信自律。讲究诚信的个人和企业，最后总会获得良好的名声，这对于日后的成长和发展是十分有利的；如果只为了眼前的利益而放弃诚信，可能就会造成长久的、重大的损失。诚信就像是一个砝码，放上它，人生的天平就不会失衡，更不会摇摆不定，我们生命的指针，就会稳稳地指向一个方向，那里正是我们的人生理想。为了让学生明白诚信的重要性，一位哈佛教授举出这样的例子：

> 美国前总统林肯在竞选总统时，对选民讲话总是很诚恳，他没有钱，所以在竞选时没有坐专车，而是像每个普通乘客那样，买票坐公交车。林肯甚至没有钱用来搭建宣讲台，所以每到一站，就只能站在朋友们为他准备的一辆耕田用的马拉车上，向他的选民们发表演说："有人写信问我有多少财产，我有一个妻子和一个儿子，他们都是无价之宝。此外还租了一个办公室，室内有一张桌子，三把椅子，墙脚还有一个大书架。架子上的书值得每个人一读。我本人又穷又瘦，脸很长，不会发福。我实在没有什么可依靠的，唯一可依靠的就是你们！"林肯的这些话，给人们留下了非常深刻的印象，被人们称为"诚实的林肯"。

在哈佛人看来，一个成绩不好、能力有限的人还可以进行培养，但是一个人如果有诚信问题，那么连培养的机会也不会得到。因为一个缺失诚信的人，成就就算再高，也不会对社会有益，还可能危害社会。哈佛非常重视学生的社会责任感，所以绝不会录取那些缺失诚信的人。

一位哈佛毕业生说："培养一个诚信的普通人，远比纵容一个欺诈的硕士要严肃重要得多。"那么应该从哪些方面来培养诚信的人呢？哈佛人给出以下的建议：

注意小节

许多人都很不注意在小事上遵守信用，比如借了东西不还，与人约会却总是迟到甚至失约，答应替人办某事却迟迟都不见动静……如果这样的小事多了，且不说别人怎么看你，你自己就会养成一种不守信用的习惯，以后遇到大事，也会随意地失信于人，从而给自己的事业发展埋下隐患。

不要轻易许诺

如果真做不到，那么就真诚地说"不"，这才是诚信的态度。如果什么事都拍胸脯，或是碍于情面而勉强答应别人，不但给自己增加不必要的负担，而且如果办不到的话，还会使自己失信于人。这当然不是不帮助别人，而是在做出承诺之前，一定要量力而行。

注意自我修养

与人交往必须诚实无欺，这是获得他人信任的一个最重要的条件。要善于自我克制，做事必须诚恳认真，才能建立起良好的信誉；应该随时设法纠正自己的缺点；行动要踏实可靠，做到言出必行。

不欺骗

不管在哪里，我们都要保持诚信。一个人如果无诚信，就已经丧失了自己的品德，就是一个身心不健康的人，不仅会影响自己，也会伤害他人，可以说就是一个骗子，这样的人不但得不到他人的信赖，在社会上也无法立足，这样的人就很难交到知心的朋友。

要谨慎

学会了诚信做人，还要学会行事谨慎，一颗诚实的心还需要谨慎，谨慎对待他人，当别人信任自己时，也要小心。善意的谎言或者经过认真选择的部分事实，都不违背诚信原则。但是谨慎，并不意味着掩饰，也不意味着讳疾忌医，这都是与诚信原则不符的。

◎哈佛成功指南

树立诚实做人的良好品质，是关系到人一生的事，是关系到自己的人格、品质和习惯的事，坚持诚信做人，最终对自己不亏。正所谓：无信不立。若想在社会上立足，就必须讲求诚信、远离欺骗。怎么样才能做到诚实守信呢？这也不难，就是要实实在在做事，勇于承担责任，久而久之就能够得到他人的信任，自己的道路也会越走越顺。

◎哈佛心理研究院

你是否具有团队合作精神？

1. 就某一个问题，当你与另一个人争论不休时，你会：

　　A. 坚持自己的看法。

　　B. 尝试沟通彼此的想法。

　　C. 坚持自己是正确的，但不强求对方认同。

　　D. 请旁观者公平论证。

2. 你做了一件错事，不巧被别人发现了，你会：

　　A. 主动承认错误。

　　B. 拒不承认。

　　C. 找合理的借口来掩饰自己的错误。

　　D. 把错误责任全都推掉。

3. 假如你和同伴去游玩，饥渴难忍时，看见一棵挂满果实的梨树，你会：

　　A. 叫同伴一起去摘梨。

　　B. 自己先解渴后再说。

　　C. 让同伴去摘。

　　D. 只叫上最好的同伴。

结果分析

1题：A. 3分；B. 4分；C. 2分；D. 1分

2题：A. 3分；B. 4分；C. 2分；D. 1分

3题：A. 4分；B. 2分；C. 3分；D. 1分

12分：非常重视团队合作，有沟通的习惯和观念。

9～11分；有较强的团队合作精神，对自己很有信心。

6～8分：团队合作精神一般，不愿与人形成对立，人际关系薄弱。

3～5分：团队意识相当薄弱，淡化个人的主现意识。

擦亮眼睛，择友不能只跟着感觉走

幸福并不在于多友，而在于慎择友人及其价值。

——塞缪尔·约翰生

◎读一读，想一想

　　"有的时候，选择朋友就像选择书籍一样，你需要看重的不是数量，而是质量。"这句话在哈佛大学广为流传，它也告诉哈佛学子，在选择朋友的时候也要小心谨慎，要擦亮眼睛，不能跟着感觉走，因为不是人人都适合做朋友，也不是人人都合适与你成为朋友。

　　有一位哲学家说过："真正的朋友是所有幸运中最重要的，也是我们最想得到的福气。"选择朋友不仅需要谨慎，而且应该看重质量，而不是数量。真诚而亲密的友谊虽然稀有，但是它能够给我们带来的幸福与满足，却是许多浅薄的友谊无法相比的。难怪苏格拉底会说："交朋友需要慢慢来，因为那是一个艰难的选择过程。"

　　很多青少年对于什么是朋友，可能并没有一个真正的概念，也没有一个正确的定义。可能你会觉得，只要和自己一起玩耍的都是朋友。还有一些青少年，会重视朋友的数量，而不是质量。其实，朋友也有好与坏的区别，好的朋友会让你走向好的方面；坏的朋友，也会让你误入歧途。所以，你在选择朋友的时候，一定要注意区分。

很久以前，有一个人非常喜欢结交朋友，他曾经和很多人患难相济，可是在他临死的时候却告诉自己的儿子："我这一生一共只交了一个半朋友，希望你能够领悟其中的奥妙！"

儿子先找到了父亲的"一个朋友"，对他说："我现在被人追杀，已经走投无路了，所以只能投靠于你，希望你可以帮助我！"这人听完以后，立刻把自己的儿子叫了过来，换上他出逃穿的衣服，并且让他换上自己儿子的衣服，从而救了他一命。

这时候，他终于明白父亲所说的"一个朋友"是什么意思了。也就是能够在生死攸关之时，为你两肋插刀，即使牺牲自己儿子也要帮助你的人。

过了一段时间，他又找到了父亲的"半个朋友"，对他说了同样的话。结果对方一听，连忙说："孩子，发生这样的事情，我也帮不了你，但是我会给你足够的路费，帮助你逃跑，我保证不会将你的行踪告诉其他人。"

他终于明白，在你生死攸关的时候，能够选择明哲保身，但是没有落井下石的人，可以算得上"半个朋友"。

在每个青少年的成长过程中，都离不开朋友的帮助。在你幸福的时候，需要与朋友一起分享；在你患难的时候，需要朋友的救助。财富并不是你的朋友，可是朋友却是你一辈子的财富。结交朋友虽然没有贫富贵贱之分，可是却有人品、性格、情操的区别。你要结交的朋友不一定多，但是一定要有质量。只有真正真诚、交心的朋友，才能让你的人生道路不再孤单。

哈佛学子都很重视自己的友谊，因为他们知道在幸福的时候需要忠诚的友谊，在患难的时候更是如此。不过，友谊也有好或不好的区别，因为并不是每一个朋友都能够给你带来积极与阳光，相反有的朋友还会带给你消极的一面。所以，你必须学会选择，要擦亮自己的眼睛，重视朋友的质量，而不是数量。

自古以来中国都有一个说法，那就是"人以群分，物以类聚"。在选择朋友的过程中，你可以不去重视对方的贫富贵贱，但是必须重视他的人品与性格。一般势利小人不要结交，酒肉朋友不要结交，阳奉阴违者不要结交，口是心非者不要结交，恃强凌弱者不要结交，无信无德者不要结交……如果你能够结交到一些好的朋友，那么就可以在以后的学业与事业上得到朋友的帮助，以及精神上的安慰。如果朋友没有交好，反而会让自己惹上不好的习惯，这样就得不偿失了。

◎哈佛成功指南

由于青少年的认知能力十分有限，社会经验也不足，所以在结交朋友的过程中，很容易出现误交损友的情况。虽然青少年拥有自由选择朋友的权利，不过要让青少年交上真正的好朋友，而不是坏朋友，也不是一件容易的事情。友情需要经营，虽然它可以不是门当户对，但是一定要有一定的质量，如果一旦将对方当成自己的朋友，就要用心经营，要相互尊重与信任，相互欣赏与帮助。高质量的友谊在于共同注视远方，而不是在于相互对望，要与对方一起努力，共同拼搏！

◎哈佛心理研究院

在与人相处的过程中，你是怎样一个人？

如果你最好的朋友生病住院了，你会买什么水果去看望他呢？

A．葡萄

B. 香蕉

C. 西柚

D. 苹果

E. 梨子

结果分析

选择A：你是一个想象力丰富、个性突出的人，给人的第一印象虽然显得冷淡，但是接触久了，就会感觉你非常善良温柔。

选择B：你是一个性格开朗、随和的人，你不管和谁都能打成一片，虽然你有时会任性、倔强，但是依然很懂得和朋友相处。

选择C：你是一个完美主义者，有着崇高的理想，不甘心平凡，而且你是一个求知欲特别强的人，会关心身边的任何事物，对自己的要求也相当高。

选择D：你是一个细心周到的人，而且对待事情很认真，很讲礼貌，做事很有分寸，是一个脚踏实地的忠实友人。

选择E：你是一个非常谨慎的人，会努力学习，朝着自己的欲望和目标努力前行。

评估自己在潜在朋友眼中的形象

> 外貌是一个人内心的表露。其形呆若木鸡的人，其神一定是愚笨的。
>
> ——本·迪斯累里

◎读一读，想一想

在人际交往中，一个人的外在形象也是很重要的。它能够给人最直观的印象，人们对于你的第一评价，首先就是从你的外在形象而来的。所以，你绝对不能忽略自己的形象。当然，所谓的形象并不是一个简单的穿衣、外表、长相、发型、化妆的组合概念，而是一个综合的全面素质，一个外表与内在结合的、在流动中留下的印象。

形象所包含的内容也是宽广而丰富的，比如一个人的穿着、言行、举止、修养、生活方式、知识层次以及和什么人交朋友等。它们在清楚地为你下着定义——无声而准确地在讲述你的故事——你是谁、你的社会地位、你如何生活、你是否有发展前途，形象的综合性和它包含的丰富内容，为我们塑造成功的形象提供了很大的提升空间。

究竟一个人的外在形象对于人际交往有多重要呢？看完下面的故事或许你就有答案了。

英国反对党领袖伊恩·邓肯·史密斯在2002年9月接受电视台记者采访。他面色茫然、毫无生机，他用有气无力的、贫乏的语调攻击了托尼·布莱尔首相及其政党的政策。记者问道："你认为自己能出任下一届首相吗？"他犹豫了一下，目光下垂，语气不坚定地说："是的，我可以，但我需要努力争取。"几分钟之后，电视台出现不满意的观众的电子邮件及电话录音："他自己都不相信自己能成为首相，让我们如何相信他可以做我们的首相？""他看起来根本就不像英国首相！"

"难道保守党再找不到别人做领导者吗？"

这是英国反对党在认为前领袖威廉姆不能展示给英国选民一个良好的形象后，在2001年新换的领袖。前领袖威廉姆被英国人戏称为"小老头"，他只有40多岁，却像个走入暮年的老人，神色、语气缺乏朝气和自信，这位新换的领袖和威廉姆如同孪生兄弟。再看看劳动党领袖，英俊的托尼·布莱尔，总是满面春风地带着笑容，走路和说话时，浑身都散发着朝气和热情，他看起来就能够鼓舞他人，看起来就像个出色的领袖。也难怪很多英国选民虽然不支持劳动党的政策，却投给了托尼·布莱尔一票，至少从领袖的外在魅力上托尼还是值这一票的。一位英国选民说："保守党的领袖让我对这个党已经失望，他们这两届的领袖看起来就不像能成为首相的人。"另一位选民甚至激进地宣称："除非保守党能够找出一个长着头发的领袖，否则他们永远只能够坐在反对党的座位上！"由于竞选人"看起来不像个领袖"，让保守党一次次失去了驻守唐宁街的机会。

健康是一个人亮丽的基础，白皙滋润、富有弹性的肌肤，黑亮柔软的头发，闪闪发光的眼睛，白里透红泛着光彩的面容，周身发出一种能把周围照亮的光芒，这种由内而生发出的亮丽是任何装扮都不可能企及的。这是只能由健康带来的亮丽，是健康赋予人的光彩。青少年朋友要保持一份自然美，那么就应保持健康的体魄。一个健康的人在别人眼里总是美丽的。

总之，青少年朋友在社交场合，都希望自身的美丽服饰给他人以美的享受。为了达到美化的目的，服饰的穿戴要注意扬长避短。青少年朋友在选择服饰的时候，不仅要考虑服饰的颜色、质地、款式，还要充分结合个人的脸形、身材、肤色等来着装。如果你能够保证自己的外在形象能够给对方留下良好的第一印象，那么你就打开了人际交往的第一扇门！

◎哈佛成功指南

青少年朋友如果想获得事业的成功，只靠能力是不够的，你要让别人看到你第一眼时便知道你将会是一位成功人士。对于那些追求成功的人，创立一个可信任的、有竞争力、积极向上、有时代感的形象，无论你在什么群体中都能获取公众的信任，从而脱颖而出。一个成功的形象，展示给人们的是自信、尊严、力量、能力，它并不仅仅反映在对别人的视觉效果中，同时它也是一种外在辅助工具，它让你对自己的言行有了更高的要求，能立刻唤起你内在沉积的优良素质，通过你的穿着、微笑、目光接触、握手，一举一动，让你浑身散发着一个成功者的魅力。

◎哈佛心理研究院

你在同学眼中是啥形象？

1. 你是个说话很直接的人。

    是的→2

不是→3

2. 你会避免说到别人的短处。

是的→3

不是→4

3. 你非常注意别人的情绪变化。

是的→4

不是→5

4. 你总是不好意思占别人的便宜。

是的→5

不是→6

5. 你喜欢探听别人的隐私。

是的→6

不是→7

6. 你是个不会隐藏自己情绪的人。

是的→7

不是→8

7. 你为了面子可以吃很多明亏。

是的→8

不是→9

8. 你总是不可避免地要对人产生怀疑，或是无理由的相信。

是的→9

不是→10

9. 你表面上坚决，其实内心经常犹豫。

是的→A

不是→B

10. 你是个很容易对某件事情产生保护欲的人。

不是→D

是的→C

结果分析

选择A：纸老虎。很多第一次看见你的人，都会觉得你是个厉害的角色，你的气质和形象很容易让人感觉到一种雷厉风行的感觉和不输别人的气场，可惜，你是个绣花枕头，你甚至不能算得上是一个聪明的人。

选择B：不怒自威。你不会要求自己在气势上压倒别人，但你会注意讲究自己的情绪不要被牵着走，即使你知道自己已经被别人控制了，你依然可以装出一副我的事情我做主的样子，所以说，你是个把苦水自己吞的人。

选择C：大包大揽。你给人感觉很大气，什么都喜欢大包大揽，所以经常应承下一些不在你能力范围之内的事，搞得自己很被动，而且一些不自觉的人更会把你当成冤大头，所以想想你为性格买了多少单，该改改了。

选择D：深不可测。你给人的感觉就是一个把自己隐藏得非常深的人，深不可测，好像跟你过招就一定会惨败一样，所以会有很多人把你当成隐藏的敌人，很少有人能看得见真正的你，所以有时候即使你真情流露，别人也不见得相信。

哈佛没有书呆子——成为魅力四射的"万人迷"

> 魅力有一种能使人开颜、消怒,并且悦人和迷人的神秘品质。
>
> ——西尔维娅·普拉斯

◎读一读,想一想

《哈利·波特》的作者J. K. 罗琳在哈佛大学演讲时说:"如果谁能给我一台时光机器,我会告诉21岁的自己,个人的幸福建立在自己能够清楚地认识到,生活不是拥有物品和成就的清单。"

青少年朝气蓬勃,每天除了埋头苦学之外,还应该有其他的内容。一个只会苦学而不懂得享受生活的青少年,只会成为一名"书呆子",而不具备出众的社交能力。国际21世纪教育委员会指出,21世纪的人才必须掌握四种基本的学习,一是学会认知,二是学会做事,三是学会共同生活,四是学会生存。这四种基本的学习让我们知道,在学校里不仅仅要学习书本上的知识,也要读懂社会这本"无字之书";不仅要学习书本上的理论知识,还要学习做人做事的方法与道理;不仅要学会存在与竞争的本领,还要学会共同生活的艺术。

青少年已经具备了一定的审美和社交圈子，我们也看到，有的青少年能够成为老师和大家的"明星"，他们有的擅长运动，有的是万年学霸，总之他们身上总是散发着某种看不见的光环——这可以说是成功的潜在能力。而成功人士释放出来的一种主要力量，除了天赋外，便是魅力。然而，没有公众的承认和接受，就没有魅力这样一说。公众通过审视那些成功人士，才发现了魅力是什么。

和领导气质不同的是，人格的魅力，并不是天生的，而是需要后天的努力创造。那些能使"蓬荜生辉"的人物不是由于生来就有发光的本事，而是在他们理解并满足了公众的期望以后才得以发光闪亮的。而创造魅力必须要有公众基础，但这不等于说那些平凡的、渴望成功的人就不能有魅力。如果一个人在公众或周围的人面前展现出了魅力，那么一定是他掌握了施展魅力的艺术。

在众人一起旋转的舞池中，最有魅力的那个，肯定具有迷人的个性。那么，青少年应该如何练就迷人的个性，使自己散发出无限的魅力呢？你可以尝试从以下几个方面寻找突破口：

突破口之一：培养多种兴趣与爱好

哈佛通过对成功人士的深入研究，发现许多成功人士的兴趣爱好都非常广泛。而古今中外的名人，也是涉猎广泛，甚至在诸多方面都有一番成就。例如我国伟大领袖毛泽东，书法自成一体，不拘一格；诗词大气浩然、奔放豪迈。他不仅仅是一位政治家、军事家、革命家，同时在诗词、书法上也称得上是一代宗师。

成功人物之所以拥有迷人个性，不仅仅是某一方面闪亮光环。

突破口之二：真诚微笑

一个人如果经常真诚微笑，证明凡事都乐观豁达，这样的人怎么会不迷人呢？不仅如此，真诚的微笑不但可以吸引人，也能给人带来极大的成功。

突破口之三：学会幽默

幽默有助于身心健康，同时也是增加吸引力的法宝，人们都愿意接近幽默风趣的人。不仅如此，幽默是成功的法宝。幽默使人保持积极进取的心态。在追求成功的道路上，娴熟地运用幽默，可以增强自己的竞争力。

突破口之四：敢于承担

卡耐基曾这样告诫世人："用争斗的方法，你绝对不会得到好的结果，而用让步的方法，收获会比预期的高。"一个有担当的人，是个有魅力的人。敢于承担的人，才能成为有所作为的人。在学习和生活中，遇到问题要主动查找原因、承担过失，而不是推诿扯皮，怨天尤人。只有这样，才能散发出个性的魅力。

◎哈佛成功指南

一个健康的人格不是本身就具有的，需要一点一点地积累起来。平时注意培养自己正确的思想观念，良好的心态，乐观的生活态度，来塑造自己的人格魅力。在当今社会中，为人处世的基本点就是要具备人格魅力。何为人格魅力？首先要弄清什么是人格。人格是指人的性格、气质、能力等特征的总和，也指个人的道德品质和人的能作为权利、义务的主体的资格。而人格魅力则指一个人在性格、气质、能力、道德品质等方面具有的很能吸引人的力量。在今天的社会里一个人能受到别人的欢迎、容纳，他实际上就具备了一定的人格。

◎哈佛心理研究院

你是一个胆小鬼吗？

下面的问题，请你快速回答，选出你脑海中出现的第一个答案：

1. 说到"时钟"会想到什么？

　　A. 手表　　　　　　　　　　B. 闹钟

2. 说到"英雄"会想到什么？

    A．强壮　　　　　　　　B．正义

3. 说到"前辈"会想到什么？

    A．集体活动　　　　　　B．晚辈

4. 说到"红花"会想到什么？

    A．郁金香　　　　　　　B．玫瑰

5. 说到"动物园"会想到什么？

    A．熊猫　　　　　　　　B．狮子

6. 说到"男生最喜欢的运动"会想到什么？

    A．棒球　　　　　　　　B．足球

7. 说到"书"会想到什么？

    A．教科书　　　　　　　B．小说

结果分析

0~1个A：你的胆量要比别人多一倍。你是不管何时都不会感到害怕的那种类型，即使承受压力，也可以冷静地以平常心去面对。你这样的个性会让很多人觉得你值得依赖。

2~3个A：你是假装的胆小鬼。只要一遇到意外情况，就马上会展现胆量的那种类型。在事情发生之前你很怯懦，但一到事情发生后马上就发挥出你的力量，因此在比赛或考试时，你总会比预料中的表现要好很多。

4~5个A：你是隐藏的胆小鬼。在人前你总是一副很坚强的样子，其实你是一个很胆小的人，嘴里说着"没什么，没什么"，但心里却无限恐慌！所以你是个隐藏的胆小鬼。

6~7个A：你是个超胆小的人，虽然只是稍微受惊吓，但你的心跳却快得像要跳出来一样吓得半死。所以当机会来临时，你要摆出沉稳的个性，偶尔要冒险一下。

会说话不等于会沟通

◎读一读，想一想

一位智者曾经说过："人生的成功就是人际沟通的成功。"每一位具有领袖气质的精英都是沟通大师，一名好的领袖型人才学会对自己的人脉网进行有效的沟通，让每一个人际关系成员都能感觉到他是特殊并且优秀的。在哈佛，随处可见各种各样的人，在进行着各种各样的沟通。也正是这样的沟通，才使得这所世界名校永远保持着活力和前进的动力。

那么良好的沟通能力，是不是单指"会说话"呢？当然不是了。哈佛成功学家的研究表明，一个正常人每天花60%~80%的时间在沟通，其中包括听、说、读、写等不同的沟通方式。当然，最基础、最重要的沟通方式还是语言。因为语言是传达感情的工具，也是沟通思想的桥梁。在人际交往中，语言是十分关键的沟通技巧。假如言语得体，便会获得他人的好感，赢得大多数人的喜

116

爱；反之，则会得不到别人积极的回应，让自己陷入孤家寡人的境地。

在哈佛，专门开设有一门语言课。哈佛教育学生，说话是一门艺术。有的人善于用语言来表达情意，说话让人感觉身心舒畅；有的人则不善于以语言来表达，总会祸从口出。所谓"一句话能把人说跳，一句话也能把人说笑"。善用语言的人，可以在与不同的人交往的时候，左右逢源，应对自如。要想在人际交往中应对自如，就应该懂得说话的艺术。因此，在人际交往中，要认认真真地包装自己的语言，像包装自己一样，将它打扮得有气质。

说话是一个很简单的行为，但说话却也是一个复杂的艺术，说什么、怎么说，考验着每一个人的说话技巧。那么怎么把语言装扮得有气质，与人交往沟通时又需要注意哪些技巧呢？培养说话的艺术，下面这些方法可以一试：

方法一：言之有物

哈佛叮嘱学生："记住，别人会从你所说的每一个字，来了解你所知的多寡。"与人交往时，话语是最能表现一个人思想与感受的工具；与人相处时，话语也是最能影响人心情的重要因素。纵使有"三寸不烂之舌"，也应该掌握这样一个原则，那就是，说话一定要言之有物。怎样才能做到"言之有物"呢？那就是增加自身内涵与修养，而增加涵养最简单的办法就是读书，增长知识与见识。

方法二：适当赞美

赞美是一种认可，是良好沟通的开始。生活中，人人需要赞美来获得别人的肯定。当然，赞美也要讲究方法，一般情况下必须注意以下两个原则：第一，要真诚，赞美别人要出于真心，要欣赏对方身上值得赞美的地方，赞美的内容也要是对方身上确实拥有的优良品质或特点，不要让对方感到你的言不由衷，或者另有所图。第二，赞美的内容应该是对方所在意的，比如赞美中年妇女身材苗条，赞美老年人身体硬朗，赞美小朋友聪明可爱等，都能够引起反应。

方法三：话留三分

哈佛教育学生尊敬别人，谈话的时候注意话到嘴边留三分。

生活中，有的人说话口无遮拦，所谓"良言一句三冬暖，恶语伤人六月寒"。话在出口的一刹那，便无法再收回了。所以，说话之前要先想一想，怎样讲才能让人听着舒心，更容易接受。说话前，换位思考一下，怎样的话说出来能完美地实现自己的目的？同样的一句话，不同的说法，给人的是不同的感受。这就是语言的力量，这更是思考的力量。

方法四：适当沉默

有时候，此时无声胜有声，在某些时候，适当的沉默能留给人更多的思考空间，说话点到为止，给听话人留一定的想象空间，这也是语言的另一种魅力。同时，沉默有时候也能为人保留更多修改的机会，也给朋友留下尊严。

以上讲述的只是与人交谈的基本原则，看似简单，却不能不重视，否则"失言"可能就会"失友"。说话要言之有物，更要言之有方。什么该说，什么不该说，该怎样去说，都是需要青少年朋友们好好学习和把握的。

◎哈佛成功指南

沟通能力是一种实力的代表，每一个成功人士都有很强的沟通能力。沟通是人与人之间、人与群体之间思想与感情的传递和反馈的过程，其目的是为了使思想达成一致。沟通也是要讲究方式方法的，有效的沟通可以避免许多不必要的错误和麻烦。所以不论何时，说话都要用脑子，敏事慎言，话多无益，嘴只是一件扬声器而已，平时一定要注意监督、控制好调频音控开关，否则会给自己带来许多麻烦。讲话不要只顾一时痛快、信口开河，以为人家给你笑脸就是欣赏，没完没了地把掏心窝子的话都讲出来，结果让人家彻底摸清了家底。还偷着笑你。除此之外，遇事不要急于下结论，即便有了答案也要等等，也许有更好的解决方式，站在不同的角度就有不同答案，要学会换位思考，特别是在遇到麻烦的时候，千万要学会等一等、靠一靠，很多时候不但麻烦化解了，也能给自己带来更多朋友，更多成功的机会。

◎哈佛心理研究院

你是否会说话？

请回答下面的测试问题：

1. 当你不是话题的中心人物、不是众人关注的焦点时，你会不由自主地走神吗？

    A．是的

    B．有时

    C．不是

2. 当有人试图与你交谈或对你讲解一些与你关系不大的事情时，你是否时常觉得很难聚精会神地听下去。

    A．强烈肯定

    B．有时

    C．绝对否定

3. 一个在火车上刚认识的朋友详细地向你讲述他从恋爱到失恋的全过程，并期待你的回应。对此你会如何反应？

    A．极不情愿，觉得不舒服

    B．无动于衷

    C．很乐意倾听并积极开导

4. 你是否觉得需要一个人静静的才能清醒和整理好思路？

    A．是的

    B．有时

    C．不是

5. 你是否很难放松警惕，向他人倾吐自己的心事，除非他是你多年相交的朋友？

    A. 强烈肯定

    B. 有时

    C. 绝对否定

6. 你往往和哪种人最容易相处？

    A. 难放松警惕的各种人

    B. 难放松警惕和已经了解的人

    C. 难放松警惕和相处很久的人，但往往感到很困难

7. 你是否会避免表达自己的感受，因为你认为说了别人也不会理解。

    A. 是的

    B. 有时

    C. 不是

8. 你是否认为轻易流露心情和感受的人是没有内涵的人？

    A. 是的

    B. 有时

    C. 不是

9. 你是否总在人群中的气氛达到高潮时反而有一种强烈的失落感？

    A. 经常如此

    B. 有时

    C. 从未有过

评分标准：选择A为1分，选择B为2分，选择C为3分。

结果分析

22～27分：不太会说话。你没有掌握说话的艺术，所以也就不太会说话，或者你本来就有语言排斥的倾向。这表示你只有在极其需要和别人沟通的情况下才同别人交谈，或者你与对方有强烈的志同道合的感受，都觉得相见恨晚。

通常你不会通过语言的形式去发展友谊，除非对方愿意主动频频跟你接触，否则你便总处于孤独的个人世界里，并有些自闭倾向。

15～21分：跟熟悉的人很能说话。你是个外冷内热的人，其实交谈也是你的强项，只是你不会轻易显露。你大概比较热衷跟别人做朋友，如果你与对方不太熟识，你开始会很内向，不太愿意跟对方交谈。但时间久了，你便乐意常常搭话，彼此谈得来。

9～14分：非常会说话。你是一个非常会"说话"的人，也非常懂得交际，能够营造一种热烈气氛，鼓励人家多开口，让别人觉得同你谈得来，彼此十分投合。像你这种能把死人说活的人，是非常讨人喜欢的，并知道什么时候该说，什么时候不该说。

共同进退，朋友之间也需要良性竞争

> 世间最美好的东西，莫过于有几个头脑和心地都很正直的朋友。
>
> ——爱因斯坦

◎读一读，想一想

我看过一档国外的教育访谈类节目，其中有一期专门请来了一位毕业多年的哈佛学子。

主持人问他："你觉得哈佛教会你的最重要的能力是什么？"

那位哈佛学子回答说："哈佛教给我最重要的能力，就是在极限压力下生存的能力。哈佛给我们创造了一种氛围、一种环境，在那种氛围与环境中，你必须保持高度的紧张，调动所有的潜能，才能有机会脱颖而出。因为你身边全部都是强大的竞争者！"

哈佛学子的回答让我们明白，一个人的成功，不仅仅需要助手，还需要对手，就像一个运动员想要获得奥运冠军一样，一定要找一个出色的陪练。只有当你的身边充满了竞争对手时，你才能够激发出自己的潜能，让自己一直保持完美的竞技状态。

下面一则寓言小故事，能够充分说明竞争的重要性。

一家森林公园曾环境幽静，水草丰美，这样优越的环境下养殖了几百只梅花鹿。但是，几年以后，鹿群病的病，死的死，出现了负增长。这里的环境如此优渥，而且梅花鹿在这里也没有天敌，怎么会出现这种情况？公园后来买回几只狼放置在园里，在狼的追赶下，鹿群紧张地拼命狂奔。这样一来，鹿群的数量反而有所增加，甚至体质都有明显提高。

梅花鹿原本没有天敌，然而后来出现的狼便充当了梅花鹿竞争对手的角色，梅花鹿时刻保持警惕，不断奔跑，才使得鹿群不断壮大。

你知道人的价值是用什么来证明的吗？有人认为是自己的朋友，有人认为是自己的对手。要知道，在漫长而曲折的人生道路上，陪伴你的不仅仅有朋友，还有对手。

当你遇到困难和挫折的时候，你最应该想到的就是对手会怎样，你又应该以怎样的方式去应对。正是因为有了对手的智慧，你才知道自己的局限；正是因为有了对手的强大，你才知道自己的弱小；正是因为对手的前进，你才知道自己的故步自封。很多时候，对手就像我们的镜子一样，能够让我们看到自己身上的不足。

那么青少年应该如何看待竞争呢？请看下图表：

我们如何看待竞争		
两种目的和动机的思考模式的异同点		
心理暗示	良性竞争：竞争=合作	恶性竞争：竞争=战争
目的	人才的合理分配	市场占领
	成长，学习，发展，创新	排除异己
动机	主要针对本质	主要针对表面
	创造真实的价值	获得回报
	为更大的目的服务	风险最小化
竞争者的观点	提升效率，创新，服务的动力	利益的争夺者
规则的角度	就像自觉遵守交通规则一样	大量地破坏规则

正确看待竞争之后，还要明白如何创建良性竞争。毫无疑问，良友之间，更容易创建良性竞争。所谓良性竞争，对于朋友来说，更多的是合作。每个人的能力有限，善于与人合作的人，才能够弥补自己能力的不足，达到独自一人达不到的目标。

朋友之间相互了解，明白对方有何长处，有何不足。与朋友共同进退，取长补短，互惠互利，让双方都能从中受益。有句话："帮助别人往上爬的人，会爬得最高。"如果你帮助别人爬上果树，那么你也会得到树上的果实。

◎哈佛成功指南

人生的每一天都在胜负中度过，一切都以竞争的形式出现。一个人没有竞争意识，必将一事无成；整个社会没有竞争意识，就绝不能够前进。培养学生良好的竞争意识，才能够激发学生强烈的求知欲，让学生的才能在激烈的竞争中得到充分展示，使学生的自尊心、自信心得到不断加强。将竞争意识引入到教育教学中，是提高教育教学水平、实施素质教育的一个重要途径。

◎哈佛心理研究院

测试你的竞争意识。

按照以下题目进行选择，其中：a表示完全不同意；e表示完全同意。a、b、c、d、e依次计分标准为1、2、3、4、5分。

1. 和同等条件的人相比，你能做出比他们更大的成绩吗？（a、b、c、d、e）

2. 你会积极参加能表现自己能力和价值的任何活动，而从不谦让吗？（a、b、c、d、e）

3. 别人时刻想超过你，你相信他们有时会采用一些不正当的手段吗？（a、b、c、d、e）

4. 当你知道和你条件相当的人做出成绩时，你有不服气的感觉，并也想做点事试试吗？（a、b、c、d、e）

5. 你认为，人生就是一场竞争，适者生存、优胜劣汰吗？（a、b、c、d、e）

6. 你十分乐意选择有一定困难、意义重大的工作吗？（a、b、c、d、e）

7. 如果愿意与别人合作，其合作程度从低到高为？（a、b、c、d、e）

8. 你好像不被人接受，即使出于好心？（a、b、c、d、e）

9. 竞争对成就的作用，从低到高为a、b、c、d、e的话，你认为哪一个最符合你？

10. 人们之间的竞争程度，从弱到强为a、b、c、d、e，你认为哪一个最符合你？

结果分析

总分大于等于45分，竞争意识强烈，愿在竞争中取得成功。

总分25～44分，竞争意识为一般。

总分低于25分，竞争意识弱。

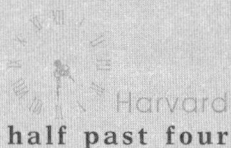

人的情绪有时候就像脱缰的野马一样难以自控，因此哈佛大学很重视培养学生的情绪自控能力。一个人如果能够在心情不好的时候，控制住自己的怒火；能够在情绪低落时，给自己加油打气；能够在任何坏情绪来临时，学会驾驭它们，而不是被它们所操控，那么就拥有了赢得成功的力量。无论你的情绪有多么糟糕，都要学着去掌握，而不是放任自流。

第六章

疏而不堵的情绪管理：
让发自内心的笑容一直挂在脸上

这些情绪从哪里来，要到哪里去

能控制好自己情绪的人，比能拿下一座城池的将军更伟大。

——拿破仑

◎读一读，想一想

哈佛大学是一所管理严格的学府，同时哈佛大学也鼓励学生进行自我管理。所谓自我管理，当然不只是管理好自己的生活和学习，还有自己的情绪状态——如果整天都情绪不好，比如消沉、抑郁、愤怒等，又如何能够搞好自己的学习呢？

管理好自己的情绪，首先要知道情绪是什么，要知道它从哪里来，要到哪里去。情绪就是一个人对于客观事物的体验，是主观上的一种感受，比如我们常说的喜怒哀乐等。这些情绪就像身体对你说的"话"，让你知道自己正处于怎样的境地，也提醒你应该用怎样的方式去处理眼前的事情。

在哈佛大学，有这样一首小诗广为流传：如果你的身体告诉你，它是快乐的，那么你的健康就会常在；如果你的身体告诉你，它是愉悦的，那么你的眼前就是一片光明；如果你的身体告诉你，它善于感知生活中的美好，那么你也会得到幸福……身体上的这些"话"，就是你的情绪。如何去听懂这些"话"，就是你的情绪管理能力。

约翰·亨特是美国著名的生理学家，他对于人体构造及各器官的功能都很有研究，可是对于人的情绪却"一无所知"，因为他自己的脾气非常暴躁，总是怒不可遏！

从生理上来说，约翰·亨特可以很好地调养自己，可是由于受到坏情绪的影响，他的身体状态却越来越差。如果你了解约翰·亨特的特点，就知道想要杀死他简直太容易了，只需要将他激怒就行了。

有一次，约翰·亨特和妻子商量晚餐的问题。由于妻子想吃牛排，而约翰·亨特想吃中餐，两人商量着就吵起来了。在争吵的过程中，约翰·亨特的情绪越来越激动，最后还触发了心脏病。从那以后，妻子再也没有和他争吵过，并且在相处中尽量不去违背他的意愿，总担心自己的一句话、一个表情、一个动作就将约翰·亨特"气"死了。

不过，在几周后的学术交流会上，约翰·亨特又和一位教授的观点不合了。这让约翰·亨特感到十分恼火。随着争论的不断升级，两人的火药味也越来越浓，最后约翰·亨特被"气"晕在讲台上，并且因为心脏病抢救无效而失去了自己宝贵的生命。

约翰·亨特的离世让朋友们感到十分惋惜，他们在讲述约翰·亨特的故事时总会说："哦，我有一个很有成就的朋友，他是一位生理学专业学者，可是他却被愤怒夺去了宝贵的生命！"

哈佛教授伊莱恩·凯玛克曾指出："比暴君的奴仆更不幸的事情，就是成为情绪的奴仆。"也许你还不知道吧？在所有的情绪问题中，影响人们最多的是愤怒的情绪。经常产生愤怒情绪的人，对于自己的身心健康十分不利，同时还会影响自己与他人之间的和睦友好关系。更可怕的是愤怒还有可能导致间接的死亡，在所有车祸事故中，至少有一半以上是由于驾驶者的愤怒情绪引起的。如果不懂得控制愤怒，那么生活中将处处都是火药味！

想要"管"好自己的情绪，也不是一件难事，很多方法都可以帮助你解决问题。不过，我还是要告诉你："自己才是一切问题的根源，很多不好的情绪都是由于不能自控造成的。"

为了能够更加快乐幸福地生活，也为了"管"好自己的情绪，减少与父母、老师、同学之间的矛盾，我希望你能够在发怒前问自己几个问题：

1. 你认为这样别人会怎样看待你，会怎样对待你？

2. 如果你是别人，你会对自己的做法产生什么样的感想？你会生自己的气吗？

3. 你可能做错的地方有哪些？

4. 你打算对别人采取怎样的行动？这些行动会导致什么后果？

5. 你们之间可能出现什么误会？

6. 你最终如何看待这件事？如何对待别人？

在你情绪不稳定的时候，要学会控制与冷静，要尝试着以不同的角度去看待问题，要学会先理解别人。当你学会为别人着想时，你的情绪也不再容易爆发了。

◎哈佛成功指南

生活中有很多的不如意，要想生活得好、生活得快乐，想让自己轻松一点，那就需要进行自我调节，学会管理好自己的情绪。只有这样才不会被快节奏的生活和沉重的工作压垮、打倒，快乐地过好每一天，才能享受属于自己的幸福生活。懂得管理情绪的人不一定成功，但是不会管理情绪的人一定不会成功。人生最大的快乐，就在于有目的、有朝气地工作。一个人必须拥有健康的身体和无限的精力，才能一步步走向成功。人生成功的根本保证，就是要保持良好的心态和情绪。就像攀爬高山，在职场打拼中，体力不济的人只能在半路打住，永远都到不了山顶。

◎哈佛心理研究院

你是否具有良好的心理适应能力？

"积极心理学"成为哈佛最火爆的科目，多数哈佛学生认为该学科能增强心理适应能力，改善生活质量。面对复杂多变、竞争激烈的社会环境，想获得更充分的生存与发展，就要具备较强适应能力。通过下面的测试，你便可以了解自己的适应能力，根据需要实行相应的补救措施。

1. 一件重要的东西不见了，你：

    A. 把可能的地方找一遍

    B. 疯狂掀起地毯搜索

    C. 镇静回想可能放在哪里

2. 急着上课，半路遇到堵车，你：

    A. 急躁不堪，想象老师恼火的样子

    B. 设想老师能体谅你不得已而迟到

    C. 急也无益，干脆不想了

3. 收到学校教务处的信，你：

    A. 自己弄清缘由，装作没看到

    B. 找个理由推给其他同学去处理

4. 你向来用水笔写字，现在要你换钢笔书写，你会：

    A. 感到别扭

    B. 有点不顺手

    C. 感觉没什么差别

5. 你在大会上演说与在教室里讲话相比：

    A. 没什么差别

B．说不准

C．视具体情况而定

D．逊色多了

6．聚会时发现全是陌生面孔，你：

A．喝点儿饮料放松一下

B．感到不自在，又能相叙甚欢

C．积极加入，不感到一丝陌生

7．到了交作业的最后期限，你：

A．更有效率

B．错误百出

C．维持正常状况

8．刚与人唇枪舌剑，你：

A．转回学习上，难免出神

B．唠叨不停，工作效率大减

C．不受影响，专心工作

9．去外地实习，你：

A．失眠换姿势，换枕头

B．有时会失眠

C．和在家没差别

10．分班之后，尽管学习很努力，却没有以前的效率高：

A．是

B．说不上

C．不是

11．学校上课的时间作了调整，你：

A．长时间紊乱

B．起初两三天不习惯

C．很快习惯了

12. 有人莫名其妙把你骂一顿，你会：

   A. 头脑清醒，适度回击

   B. 蒙了，过后才想如何反击

   C. 还了几句，未中要害

13. 和朋友约好喝咖啡，他却说不能来了。你：

   A. 既来之则安之，自己喝

   B. 总在想这件事

   C. 打电话给其他朋友

14. 小李脾气古怪，你：

   A. 觉得小李蛮好接近

   B. 说不上什么感觉

   C. 也有同感

15. 你正看书，外面突然很嘈杂，你会分心吗？

   A. 是的

   B. 看吵闹的程度

   C. 只要不是跟我吵，照读不误

结果分析

1. A. 3；B. 5；C. 1

2. A. 5；B. 1；C. 3

3. A. 1；B. 3；C. 5

4. A. 5；B. 3；C. 1

5. A. 1；B. 3；C. 5

6. A. 5；B. 3；C. 1

7. A. 1；B. 5；C. 3

8. A. 3；B. 5；C. 1

9. A. 5；B. 3；C. 1

10. A．5；B．3；C．1

11. A．5；B．3；C．1

12. A．1；B．5；C．3

13. A．3；B．5；C．1

14. A．1；B．3；C．5

15. A．5；B．3；C．1

15～29分：适应性强，游刃有余。

30～57分：适应性中等。事物的变化不会使你失魂落魄。

58～75分：适应能力差。对世界的变化、生活的摩擦不习惯。

缺乏情绪自控会让人处处碰壁

成功的秘诀就在于懂得怎样控制痛苦与快乐这股力量，而不为这股力量所反制。如果你能做到这点，就能掌握住自己的人生，反之，你的人生就无法掌握。

——安东尼·罗宾斯

◎读一读，想一想

哈佛大学和美国许多名校都有一个规定：在期末考试之前，还有一次退课的机会，也就是说你可以把你没有把握的课程退掉不修，这种方法是这些名校帮助学生疏导压力和负面情绪的一种途径。这也说明，如果学生缺乏情绪自控，那么就会影响到考试成绩，甚至是更多的人生大事。

心理学家瓦尔特·米歇尔做过一个实验，用来检测孩子们的情绪自制能力。他对一所幼儿园的孩子们说：有位大哥哥要到外面去办事，如果你们能耐心等着他回来，那么，你就能够得到两块糖果；反之，如果不愿意等，就只能拿到一块，而且还可以马上就拿到。

这些孩子中，有一部分人一直耐心等着大哥哥回来，有一部分孩子则比较冲动，大哥哥一走开，马上就拿走了糖果。十几年之后，这些孩子都成长为青少年时，那些在幼儿园就能抵抗诱惑的孩子长大后明显比较适应社会，而且自信心强，人际关系也好，能很好地面对挫折；反之，那些沉不住气的孩子则大部分不能很好地适应社会，常常冲动易怒，跟他们也处理不好关系。

瓦尔特·米歇尔的这项实验告诉我们：自我控制能力对人生是非常重要的。

一个人，如果不能有效地控制住自己的情绪，那么，他是很难获得成功的。哈佛教授都不允许学生对自己过于宽容。在我身边，凡是那些能够取得出众成就的人，就越对自己狠得下心来，能够逼迫自己去做那些难以做到的事。

我记得，当初在学校的时候。我的老师也常常跟我说："凡是干大事的人，都特别能忍耐，能分清大事小事，始终保持着冷静，绝对不会因为情绪而冲动做出疯狂的事情。"

拥有很多不良情绪的人，长期处于紧张、压抑中，会产生精神消沉和疲劳，同时也会降低身体抵抗疾病的能力。各种忧虑和烦心，失去控制的感情和脾气，现代生活的高压力和快节奏，愤恨、苦闷、恐惧等负面情绪，就像有毒化物质，毒害着我们的身心。因此要定期清理自己的心智，抛弃烦恼和怨恨，才能保持心理健康。

◎哈佛成功指南

富兰克林曾经说过："每一个人生气都有他的理由，可是那些理由却很难让人信服。"如今的青少年面对繁重的学习及生活压力，经常会面对各种各样的烦恼事，有的让你感到喜悦开心，有的却让你感到沮丧愤怒。所以，当愤怒的情绪向你袭来的时候，不妨让自己安静下来，让愤怒的情绪渐渐平息，当然你可以尝试着给自己留下一些冷静的时间，因为一个人的愤怒时间通常只能维持12秒，只要在感到自己即将发怒的时候做几次深呼吸，给自己留下冷静的时间，就能安全度过愤怒期了。此外，还应该学会管理、控制、调节自己的情绪，在感到愤怒的时候，将自己的注意力转移到其他事情上。

◎哈佛心理研究院

你的自我控制力强吗？

现在你的面前摆放着各种零食，你觉得自己最先选择什么？

A. 雪糕　　　　　　　　　　B. 苹果、橘子等天然水果

C. 烤馅饼　　　　　　　　　D. 卷心饼

E. 饼干或蛋糕　　　　　　　F. 巧克力

结果分析

选择A：大多喜欢生活上有刺激性的事物，但当计划受挫时，情绪就有大波动。

选择B：能自我控制，了解生活中需要什么，具有创造性，有大发明家的潜质。

选择C：喜欢耗体力的活动，特别是以球队形式比赛的活动，喜欢周围有人旁观，常是社交生活的佼佼者。

选择D：是能干又有上进心的人，能把事情迅速做完，追求目标时能克服任何障碍。

选择E：具有社交能力，给人东西超过接受别人的东西。他们爱听别人讲话，也善于与他人沟通。

选择F：处理问题时富逻辑性、组织性和系统性，对新事物的或新思想的出现常持谨慎的态度。

现在开始实施"平常心养成计划"

◎读一读，想一想

　　青少年的成长过程总会经历风风雨雨，所以要自始至终保持一颗平常的心，随时准备接受成败、苦乐与荣辱的洗礼。如果没有一颗平常心去对待生活中的人或事，你只会失去平稳的步伐，让自己不断跌倒、不断失败。

　　要磨炼自己的平常心，首先要学会控制自己的负面情绪。情绪往往只从维护情感主体的自尊和利益出发，不对事物做复杂、深远和智谋的考虑，这样的结果是，常使自己处在很不利的位置上或为他人所利用。本来，情感离智谋就已经很远了，情绪更是情感的最表面部分、最浮躁部分，以情绪做事，焉有理智？不理智，能有胜算吗？控制好自己的情绪，时刻让自己冷静，凡事多想想，控制好自己的情绪，我们一定能做自己的主人。

　　随着时间的推移，青少年朋友会经历越来越多的事情，有许多事会让你感到兴奋、喜悦，也会有许多事令你感到沮丧，甚至愤怒。这时你需要表达自己的情绪。但是千万要记住表达情绪一定要分清场合。在参加一个朋友的葬礼前，你得到一个关于自己的好消息，但是你就不能在参加葬礼的时候表现出来，否则就会招来死者亲友的反感，认为你对死者不恭；同样你在参加一个朋友婚礼的时候，即使有悲痛的事情，你也不能在婚礼上号啕大哭。"乐而不淫，哀而不伤"历来被看作是自我情绪控制的至高境界。

而我们所说的平常心，通常表现在你碰到挫折和失败的时候，沮丧是除了愤怒之外最难彻底摆脱的情绪之一，有时候沮丧的情绪甚至会给我们的内心留下负能量后遗症，这对我们建立坚定的信念和长期坚忍不拔的精神都是有害无利的。

那么，究竟该如何培养自己的平常心呢？

首先，可以难过。难过是一种正常的情绪，有些人要面子，在失败的时候压抑自己的情绪，让大家以为他们很好，很坚强，实际上这种负面情绪憋在心里，会像种子一样生根发芽，慢慢你就会发现自己很害怕做某些事情，比如，有一个女生800米的跑步一次不及格，她虽然笑着说不当回事儿，可是之后每次800米测验她都会身体不舒服，这就是她将负面情绪压抑在了内心，无法释放造成的。因此，允许自己在合理范围内难过，失望，发现负面情绪，对于进步和成长也是没有坏处的。

然后，可以自嘲。哈佛大学心理调查显示自尊心很强的人，往往更不善于自嘲，因为他们内心深处害怕别人的目光，自卑，不想让别人看出他们的脆弱，所以这类人往往比较容易被激怒，在面对不平等和误会的时候容易激动崩溃，这些情绪都属于极端的负面情绪。比如说，有些同学不愿意别人说自己"特别用功"，好像这样就是在说自己不够聪明一样，实际上这是他们内心的不自信在作怪。有时候，适当地嘲笑一下自己，把自己的缺点拿到太阳下面，反而更有利于自己进步。

最后，可以回头。没有什么事情需要我们一条道走到黑，对的事情什么时候做都不晚。哈佛大学在面对大批作弊事件的时候，也并没有一次性地开除所有相关学生，而是给他们机会，让他们认识自己的错误，并且改正。对于很多人来说，做错了事情很正常，改掉就可以了。虽然人生没有草稿，但是我们做的事情并非是不可撤销的。因此，不论你什么时候觉得自己走错了路，不要害怕，不要顾虑，掉头重走，这不是浪费生命，这是在纠正自己的人生轨迹。

◎哈佛成功指南

想要拥有一颗平常心，就应该明白，有的人之所以会一生快乐，并不是因为他们的人生都是一帆风顺的，每个人都有情绪低落的时候，只是他们懂得调整自己的心态，能够从失望中寻找希望，能够在挫折中寻找力量，能够在失败后寻找再次出发的勇气。如果你能够调整好心态，就能够拥有一颗平常心，也让自己得到更多的快乐。另外，如果快乐只是建立在一种东西之上，那么快乐的基础就不会稳固了，也难以用平常心去面对问题。所以你应该培养自己的广泛兴趣，让自己拥有更多获得快乐的选择。这样的你，自然能够以平常心去面对生活中的一切得失了。

◎哈佛心理研究院

你拥有平常心吗？

阳光明媚的一天，十分适合外出游玩。如果你在一片森林中，发现了一间神秘的屋子，你觉得那会什么样的屋子呢？

A. 小木屋　　　　　　B. 宫殿

C. 城堡　　　　　　　D. 平房

结果分析

选择A：你是一个拥有平常心的孩子，能忍别人所不能忍，宽大的心胸，对任何的事物都抱着以和为贵的态度，基本上你就是一个完美的人。

选择B：你是一个思路极细的人，对于身边的事物都能有良好的安排，凡事都在你的掌握之中，虽然说不上城府极深，但对于复杂的人际关系却能处理得很好，如鱼得水。

选择C：你可说是本世纪最厉害的人际高手，你比选宫殿的人对事物的观察更敏锐，更能看透人心，在这方面别人总是望尘莫及，而你也一直以此特性自豪，乐此不疲。

选择D：你是一个胸无大志的人，也没有什么企图心，虽然对周围的感应能力并不差，但你凡事仅抱着一颗平常心罢了，这种人的最大的好处就是，平凡，没有烦恼压力。

浮躁如同雾霾，会令人迷失方向

> 如果你坐下来静静观察，你会发现自己的心灵有多焦躁。如果你想平静下来，那情况只会更糟，但是时间久了之后总会平静下来，心里就会有空间让你聆听更加微妙的东西。
>
> ——史蒂夫·保罗·乔布斯

◎读一读，想一想

哈佛大学心理学家威廉·波拉克指出：偶尔的浮躁并不是件坏事。因为生活中不可避免地总会遇到一些不顺心的事，如果长期压抑自己，不将积郁的愤怒爆发出来，对自己的身心会有很大的伤害，可能会使自己的自尊受到打击，甚至伤害自己的身体，引起高血压和心脏病。

浮躁的情绪是负面情绪里冲击力很大的一种，学会管理情绪重要的一点就是克服自己的愤怒。因为每个人都不想让自己的愤怒"开锅"，总在试图通过各种努力来控制和消除自己的愤怒。愤怒本身不过是情绪的冰山一角，并不是独立存在，而是被害怕、怨恨或不安等情绪所引发。如果愤怒不可避免，那么我们要做的就不是压抑愤怒，而是找到引发愤怒的情绪根源，在达到愤怒之前消除这些烦躁的情绪，就会去掉愤怒带来的消极影响。

心理学家将人的烦躁情绪比喻成心灵的雾霾。如果青少年不能很好地消除内心的浮躁，它就会像雾霾一样让你迷失方向。下面，就让我们来看看控制烦躁的六条妙计：

第一计：学会接受生活的真相

或许你会觉得生活中有很不完美的地方，包括你自己都不够完美，可是这并不能成为你不快乐的理由。你应该学会接受生活的真相，无论好的还是坏的，只有先接受，然后才能去改变和创造。

第二计：不要被天气影响心情

有的人会被天气影响到心情，当天气阴暗的时候，心情也变得沉重起来，甚至出现烦躁易怒的情况。在天气好转，阳光明媚的日子里，心情又变得异常快乐和惬意。所以，你要学会控制自己的情绪，不要因为这些外在因素而失去内心的快乐，就算下雨天不也很美吗？

第三计：要学会摆脱现实的困境

哪怕是天性乐观的孩子，也不可能事事顺心，更不可能"永远快乐"。所以你必须让自己拥有摆脱现实困境的能力，当你通过自己的努力，终于战胜了困难，那种喜悦也是无与伦比的。如果困境一时没有摆脱，那么就要学会忍耐，等待更好的机遇。

第四计：要拥有适度的自信

孩子的自信度与快乐度息息相关，如果你是一个充满自卑的孩子，快乐一定也十分有限，所以你必须发现自己身上的闪光点，树立自信心。如果你是一个自信的孩子，那么一定不会缺少快乐，因为你相信自己，也相信人生。

第五计：学会适应生活

比尔·盖茨说："生活不是公平的，你要去适应它。"虽然每个孩子出生不同，家境不同，受教育的环境不同，可是获取快乐的方式却是一样的。因此，你要学会去适应生活，在不同的环境中获取同样的快乐。

第六计：避免过于奢华

如果你的物质生活过于奢华，就会产生一种贪得无厌的心理，对于物质的追求也更难以得到满足，这就是为什么大多数贪婪者并不快乐的根本原因。相反，那些过着平凡生活的孩子，往往会因为得到一件玩具而开心不已。这就是心态上的不同。

总之，浮躁只不过是一种情绪，但是如果不好好控制，就会让你变得狰狞可怖，更会让你变得充满了苦恼和孤独。如果控制好烦躁易怒的情绪，就会让你变得更加平易近人，也更加从容不迫，人生也会更加快乐和幸福。

◎哈佛成功指南

富兰克林曾经说过："每一个人生气都有他的理由，可是那些理由却很难让人信服。"如今的青少年面对繁重的学习及生活压力，经常会有各种各样的烦恼事，有的让你感到喜悦开心，有的却让你感到沮丧愤怒。所以，当愤怒的情绪向你袭来的时候，不妨让自己安静下来，让愤怒的情绪渐渐平息，当然你可以尝试着给自己留下一些冷静的时间，因为一个人的愤怒时间通常只能维持12秒，只要在感到自己即将发怒的时候做几次深呼吸，给自己留下冷静的时间，就能安全度过愤怒期了。此外，还应该学会管理、控制、调节自己的情绪，在感到愤怒的时候，将自己的注意力转移到其他事情上。总之，成功的人永远不会被愤怒所困扰，正如《圣经》的箴言所写："不轻易发怒的人，大有聪明；性情暴躁的人，大显愚妄。"

◎哈佛心理研究院

你有浮躁心理吗？

1. 你不能控制自己的情绪，遇事容易着急。

2. 你经常心神不定，烦躁不安。

3. 你有盲从心理，做事就凭头脑发热。

4. 你见异思迁，做任何事情都不能持之以恒。

5. 你脾气大，整天无所事事，喜欢投机取巧。

6. 你不切实际，好高骛远，常常换工作。

7. 你把友谊看成是游戏，认为只有空虚、无聊的人才需要友谊。

8. 你的考试成绩总是不理想，因为你总是发挥失常。

9. 总喜欢结识一些比自己优越的人，对不如自己的人置之不理。

结果分析

如果上面9个问题至少有6个回答"是"，那么你就存在浮躁心理。

高情商可以让我们用有限的知识去赢得无限的世界

> 成功=20％的智商＋80％的情商。
>
> ——丹尼尔·戈尔曼

◎读一读，想一想

你有没有想过，为什么哈佛大学能够高居世界名校之首，并且能够培养出如此多的政界领袖和商业巨子呢？这和哈佛大学着重培养学生的情商有着密不可分的联系。

以往人们都将智商水平的高低，看成一个人成功与否的关键因素，直到哈佛大学教授、心理学家丹尼尔·戈尔曼告诉我们："在决定一个人是否成功的关键要素中，智商的作用只占20％，而情商的作用却占到了80％。"按照丹尼尔·戈尔曼教授的说法，情商才是一个人成功与否的最关键因素。

在哈佛，单纯的学习成绩绝不是论成败的重要标准，哈佛大学录取的法则是学生的综合素质，如果说智商决定了一个人的成绩，那么情商就决定了这个人的综合素质，而从某种方面来说，情商可以影响智商，比如说一个情商很高的人，其协调组织能力就较为出众，而这种人的学习能力较强，可塑性较强，也更有团队精神，这要比单纯的天才要来得重要得多。

也许有些同学会不以为然，"那我天生情商低，我有什么办法"，在这里我想说的是，情商的的确确是可以培养的，在哈佛大学的课程表里，你会看到"情商课程"已经成了必修课，这是每一个哈佛学子都要培养的一个新的素质。不仅仅是哈佛，美国大部分名校都已经开设了情商课程，并且50%将该课程列为必修。如此看来，想要在当今社会做出点儿成就，没有情商是行不通的。作为高中生，我们的性格有极强的可塑性，几个小小的习惯就能够改变我们今后的走向，因此我们在钻研知识的同时，也不能忘记培养自己的情商，"两手都要抓，两手都要硬"，就像两条腿，都健全强壮，才能走得快，走得远。

那么，你应该如何在实际生活中提高自己的情商呢？

首先，自我认识——这是培养情商的前提，只有充分了解自己的情绪，才能充分合理地利用它们，操控它们、驾驭它们。即使是青少年，你也应当自己决定自己的人生、自己的情绪，不能依靠老师或者家长的监督来完成自己的使命，或者把失败的罪责都推到别人身上。诚实地面对自己，观察自己在面对成功和挫折时的心态，留心自己在面对讽刺时的情绪，这都可以帮助我们建立良好的自我认识。是否能够做到宠辱不惊，是否会在失败后反省，在成功后谦虚，都是考量自己情商的一个重要指标。

其次，控制自我——这是情商自我驾驭的表现。哈佛大学情商课程中指出，接受情绪是培养情商的一个重要步骤。那么，我们应该怎样控制自己的情绪化行为呢？一是要承认自己情绪的弱点；二是要控制自己的欲望；三是要学会正确认识、对待社会上存在的各种矛盾；四是要学会正确释放、宣泄自己的消极情绪。

最后，激励自我——这是情商产生正能量的必要过程。美国短篇小说家欧·亨利在他《最后一片叶子》里讲了这样一个故事：病房里，一个生命垂危的病人从房间里看到窗外的一棵树，树叶在秋风中一片片地落下来。病人望着眼前的萧萧落叶，身体也随之每况愈下。她说："当树叶全部掉光时，我也就要死了。"无望的情绪笼罩着病人。一位老画家得知后，用彩笔画了一片叶脉青翠的树叶挂在了那棵树上。结果，那片"叶子"始终没有掉下来。只因为生命中的这片绿，病人不断激励自己，竟奇迹般地活了下来。这就是自我激励带给人的影响，其影响之大可见一斑。

总之，你千万不要忘了自己除了IQ还有EQ，当你按照我们说的方法锻炼自己的情商，正能量就会慢慢浮现在你的生活里，当EQ值达到一定的级别，你将发现，IQ已经不重要了，因为你已经拥有了让自己更幸福、更成功的方法。

◎哈佛成功指南

如果说一个人的智商水平，主要取决于先天的遗传因素，那么一个人的情商水平则主要取决于后天的培养。正因为如此，哈佛大学才着重培养学子的情商水平，因为任何一位杰出的人都不一定拥有较高的智商，可是却一定拥有较高的情商。比如美国前总统富兰克林、华盛顿和罗斯福都拥有"二流的智商和一流的情商"，而智商中等的肯尼迪和里根总统被称为"美国最优秀、最可亲的总统"，也是由于他们善于结交朋友而已。

◎哈佛心理研究院

你的领导能力有多强？

有一天在路上，你遇到失去联络的旧同学，你们相约到附近的冰淇淋店去坐坐，除了聊聊目前的学习生活之外，难免谈起以前的时光，这时候，你最怕老同学提起什么？

A. 两人刚认识时的搞笑事情

B. 毕业分开时的感觉

C. 你们另一个好朋友

D．一次旅行的经历

结果分析

选择A：你的领导才能会在小团体内发挥，一旦人变多了、关系变得复杂了，你就会掌控不住局势，甚至招致民怨，"宁为鸡首、不为牛尾"说的就是你的性格。

选择B：你在团体当中通常是"helper"，你的生活哲学是"平生无大志，只求有饭吃"，拥有随遇而安的个性，也是一个很实在的人。

选择C：你具有领导的才能，却没有领导的大气。想要让一群人对你服从，可不是很有才华就可以的，你必须懂得唯才是用、能屈能伸、善用智谋，如果只有勇气和冲劲是不够的。

选择D：你是天生的领导者，有指挥群众的天分和魅力。你并不会刻意表现出自己的野心和企图心，但是大家自然就会找你解决问题，喜欢和你在一起，可能就是因为你有一种王者的风范吧！

half past four Harvard

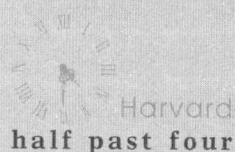

　　哈佛大学的图书馆墙上有这样一句训言："此刻打盹，你将做梦；此刻学习，你将圆梦。"这句话充分说明了学习的重要性——即使是哈佛大学的"天之骄子"，也要不停地学习知识，这样才能避免被残酷的竞争所淘汰。在追求梦想的道路上，学习能够让你不断进步，能够为你插上飞翔的翅膀！

第七章

脚踏实地的学习秘诀：
知识是最安全的财富

提高学习成绩的第一步是转换学习态度

> 心态若改变，态度跟着改变；态度改变，习惯跟着改变；习惯改变，性格跟着改变；性格改变，人生就跟着改变。
>
> ——亚伯拉罕·马斯洛

◎读一读，想一想

哈佛大学希望每一位学子都可以勇敢地站在舞台上，让自己的声音传遍全世界，而不是选择默默无闻地站在台下，只是听着别人的声音，为别人鼓掌喝彩。这是一种个性，也是一种态度，想要获得非凡的人生，必须拥有这种个性，保持这种态度。它能让我们一直拥有独立的思想和意识，让我们不再人云亦云，通过自己独立学习，去获取丰富的知识与经验。

对于青少年来说，每一天都是新的开始，所以今天比昨天进步，就是一种胜利。高智商的青少年，懂得改变自己的学习态度，从而获得更好的学习效果。学习态度包括许多方面：有人谦虚地学习，有人骄傲自负；有人自信地学习，有人经常自卑；有人喜欢独立学习，有人盲于跟从……不同的态度必然导致不同的学习结果，大家想持怎样的态度去学习呢？我想每个人都希望做一个好学者、善学者，那么从现在开始就积极改变你的学习态度吧！

除了谦虚、自信和独立外，正确的学习态度还有许多，例如积极主动、善于思考、注重实践等。每一个正确的学习态度都会让我们在学习时事半功倍。它们像一条条真理，也像一座一座灯塔，提醒着我们如何去学习，指引着我们前进的方向。

　　许多去过哈佛的人都注意到了一个现象：在哈佛的教室里，导师很少会在讲台上滔滔不绝地讲解自己的观点和思想，站在讲台发言的大多都是学生。是哈佛的导师偷懒吗？当然不是，哈佛的导师都是很优秀的学者和专家，他们每年都会研究许多新课题，不断丰富和完善各种理论。哈佛的骄傲不仅是一批批优秀的学子，而且还有这些思想独立、精神独立的学者在这里教授学业。那么是不是这些导师太忙了，无暇顾及学生的学习？哈佛导师的工作量是巨大的，因为他们要批阅和修改学生的许多课题方案，为了能够正确地引导学生，而不是阻碍他们，导师在审阅方案时还要不断学习并思考，真正做到教学相长。哈佛的导师之所以没有学生"讲课"多，是因为他们让学生养成了正确的学习态度。

　　每一次上课，导师只是简单地布置明天的作业，当然这些作业并不是书面的，要想完成这些作业，学生们在下课时就要奔向图书馆，在那里查找丰富的资料，然后整理、分析、归纳和总结自己的思想，在下一堂课上要发表自己的观点和主张。导师会在一旁认真聆听，进行关键性的指导和启发。正是这种看起来十分简单的"教"与"学"，让哈佛学习养成了正确的学习态度，他们学会了主动、积极、独立、认真地学习。这种学习态度伴随着他们一生，让他们永远都那么出色。

那么，如何才能改变自己的学习态度呢？哈佛教授提出了改变学习态度的"三大法则"，现在就让我们来看一看：

法则一：心怀明天，活在当下

很多青少年都希望自己能够在明天获得成功，又或者总在担心明天会失败，可是这样的期望与担忧有什么用呢？如果你把这些时间用在今天，活在当下，不断努力获得更多的知识，不断学习更多的能力，明天或未来也尽在掌控了。

法则二：明确自己的学习方向

如果你的学习方向不正确，那么付出再多努力也是无济于事的。你可以给自己一个大的方向，比如期末考试拿第一名；然后再分解成无数小的方向，比如提升某一科的成绩、攻克某一个知识点、完成某一道难题。这样循序渐进，只要有方向，就不会迷失。

法则三：养成认真思考的习惯

在学习过程中，遇到一些重点或难点问题，要学会认真思考。这也是对知识的一种深入认识与消化，如果没有这样的一个过程，你便很难将知识点突破，并且牢记于心。

◎ 哈佛成功指南

许多时候学习能否获得成功，完全取决于我们的态度。假如我们消极怠慢，一味跟从，那我们很难学到"自己的知识"。前人总结的经验和理论虽然可以为我们提供借鉴和指导，但那都是"别人的知识"，只有我们自己勤于思考，善于总结，才能将"别人的知识"转化成"自己的知识"。我们在学习过程中，要有一个良好正确的态度，我们可以充满激情，将无限的热情投入到学习中去。也可以一直保持我们的乐观精神，带着满满的自信去学习，这样我们才能不断进步，最终享受到胜利的果实。学习可以成就无数美好的梦想，但学习也要有一个正确的态度。它就像大海中的灯塔，永远给我们指引前进的方向，追随着正确的方向，一路乘风破浪，我们才能驶向成功的彼岸。

◎哈佛心理研究院

正确的学习态度和学习方法，可能缩短我们与成功的距离。

那么你是否有正确的学习态度呢，来测试一下吧！

心理测试：刚开学，老师在班里宣布要在本学期举行一场小型研讨会，具体时间老师会另行通知，你听完之后会怎么做？

1. 立即寻找一大堆专业资料，为研讨会做准备。

2. 没有任何行动，心想反正开研讨会之前老师会再通知，到时再准备。

3. 找老师询问相关信息，推测研讨会召开的日期，按照一定的计划准备资料。

结果分析

选择1：虽然有学习的热情和动力，但缺少科学方法，经常会事倍功半。

选择2：缺少主动学习的态度，只在别人催促和提醒下才懂得学习。

选择3：学习态度端正、学习方法得当，是个善于学习的人。

学习时的苦痛是暂时的，未学到的痛苦却是终生的

> 学习这件事不在于有没有人教你，最重要的是在于你自己有没有觉悟和恒心。
>
> ——让·亨利·卡西米尔·法布尔

◎读一读，想一想

随手翻阅一下哈佛商业精英杂志，我们可以发现他们中的所有人都有一个共同的习惯，那就是学习。这些精英在商业界叱咤风云，可以说每天都日理万机。但是几乎每一个人都没有间断过学习，他们不仅非常喜欢学习，也很善于学习。

高尔基说过："青春是有限的，智慧是无穷的。我们要趁短暂的青春，学习无穷的智慧。"对于成长阶段的青少年来说，每天最重要的事情就是学习。通过学习，能够获取很多知识，能够认识这个世界，能够激发和拓展你的潜能，难怪哈佛大学会有这样一句格言："学习、学习、再学习！"

当然，青春的时光总是过于短暂，因此你必须把握好每一分、每一秒的时间，随时随地地进行学习。这样坚持下去，总有一天会学有所成的。

　　里甘是1940年从哈佛大学毕业的一名学生，他曾经担任美国国家财政部部长，他也非常喜欢学习。里甘出生于美国的马萨诸塞州，在第二次世界大战爆发后，他参军加入了美国的海军陆战队，当战争结束后，他在华尔街的美林证券找到了一份工作。

　　里甘一直没有停下过学习，通过学习，他逐渐提高了自身的能力，后来他担任了国家财政部部长以及白宫办公厅主任等职务。里甘担任财务部部长时，曾经访问过中国。

　　1987年时，里甘辞去了职务，返回了故乡。里甘在华尔街工作的时候，可以说对美国股票市场了解得非常透彻，整个华尔街似乎都受他的掌控，当时他是金融界里一个拥有巨大财力的大人物。当他出任美国财政部部长时，他开始施行税收改革，这项举措可以说给美国经济发展带来了巨大的推动作用。无论他是在华尔街工作还是在白宫工作，他一直坚持的一件事就是学习。就是这种孜孜不倦的求学精神，让他在金融界和政界都获得了卓越的成就。

　　不要以为学习是一件可以停止的事，停止学习，你便选择了停止前进。将学习当成是和吃饭、睡觉同等重要的事，每一天都不能间断。这样我们才能不断进步。比起企业的大老板或是政界的领导人，我们拥有的闲暇时间远远多于他们，因此我们也拥有足够的时间来学习新的知识。这时不要让懒惰将我们打败，多学习一点知识，我们就会少一份困惑，在人生的路上也会越走越顺。

　　在哈佛上课，学习知识并不只是在教授那里，通过与同学的交流，也能够获取丰富的知识。当然，学习知识也不仅仅在课堂上，因为哈佛几乎每周都会请来世界知名人士前来演讲，这也给学生们提供了接触各界精英的机会。这也并不比课堂上学到的知识少！

　　随时学习，是哈佛学子进步的阶梯。那么对于青少年来说，应该如何养成随时随地学习的好习惯呢？让我们来看看哈佛学子们是怎样做的：

给自己创造一个不受干扰的学习环境

不管你的自制力有多强，总会在学习时受到各种干扰。这种干扰可能来自外界，也有可能来自心理，比如有的孩子看到同学们都在一起玩闹，而自己却在埋头学习，心里就会产生一种"不公平"的想法；另外，如果你的进步十分缓慢，也会让你放弃继续学习的念头。所以，你应该尽量减少这样的干扰，让自己随时随地都能够很快进入学习状态。

给自己制订一个计划书或学习表

你一定不会否认，在你"忙碌"学习的外表之下，还是隐藏着一颗想要偷懒的心。每个人都会有惰性，而你不能一直指望他人来监督和提醒你。怎么办？你当然要学会对自己负责——哪怕你只是一个孩子，你还必须让自己养成自主学习、高效学习的好习惯。想要做到这一切也很容易，只要给自己规定一段时间，写出自己的任务和安排，最好能够制订一个详细的学习表，然后按照计划准备完成学习任务。如此坚持下去，你自然能够做到随时随地地学习了。

◎哈佛成功指南

成功者和失败者在一开始的差距是很小的，甚至说二者不存在差距，有时候失败者在最初比成功者还聪明，但是随着时间的流逝，二者的差距也越来越大。经过探究根源我们发现，成功者之所以会成功，是因为他们一直坚持学习，而失败者却一天天懒惰下来，他们故步自封，认为自己已经掌握了足够多的知识，但是他们哪里知道，他们掌握的只不过是皮毛而已。光阴流转之后，成功者每天都在汲取新的营养，他们就像辛勤的蜜蜂，每天都不辞辛劳，最终酿出甘甜的蜂蜜。而失败者却像是缺少过冬食物的松鼠，它们的食物一天天减少，最后只能面临死亡。所以，你要做勤奋的蜜蜂，还是要做懒惰的松鼠呢？

是选择在辛苦付出后品尝甘甜的蜜汁，还是选择在懒惰与停滞中等待死亡呢？我想你已经有了自己的答案。

◎哈佛心理研究院

如果现在给你一次选择的机会，你会选择坐在教室中哪一个位子？

A．第一排正中央

B．教室的正中央

C．最后一排

D．离老师最远的角落

分析结果

选择A：你选择坐在第一排正中央，说明你是一个求知欲和学习能力很强的人，而且你总是主动学习，不用别人提醒或强迫你。

选择B：你是一个需要关怀和关注的人，在班上总是希望要成为众人关注的焦点，因此经常举手回答问题，也不管自己的回答是否完全正确。

选择C：你不希望被老师注意，也不喜欢成为大家的焦点，虽然你很喜欢学习，不过成绩总是上不去，渐渐地甚至开始讨厌上课了。

选择D：你希望永远不要被老师发现，更害怕在课堂上回答问题，对于学习也产生了恐惧心理。

高效学习离不开沉稳和细心

> 一个有心的人不应该忽略生活中的每一件小事，因为成功的机会往往就隐藏在细微之处。在学习和生活中，每个人都应该善于发掘身边的小事，从小事做起，那么机会就会随之而来。
>
> ——哈佛职业规划课教授　亚当斯

◎读一读，想一想

哈佛大学的校园里，你不可能看到妖艳浮夸，因为每位哈佛学子看起来都很成熟。我们身边很多青少年却不是这样——由于心智不成熟，他们经常会因为一些别的事情而分心，比如过度追星，过度攀比，等等。在学习的过程中，沉稳心细也是要修炼的一种重要品质。

沉稳心细是一种习惯。很多人都有粗心的毛病，每次考试都会粗心大意，不是计算题过不了关，就是文科读题时审题不清，这实际上是心智发育不健全的标志。哈佛家庭教师指出，在某种程度上，造成"粗心"的一个原因，是有些同学只重自身的智力开发、轻视养成良好的学习习惯所导致的。有意矫治粗心的行为，不仅可以培养良好的学习习惯，还能进一步发展成熟的思维方式，改善内在的心理品质。

培养沉稳心细的学习和工作习惯，多渠道、多方位地克服粗心与毛糙。具体要注意如下几点：

第一点：要养成认真仔细的生活习惯

无论做什么事情，都要讲"认真"二字，要细心更要耐心。比如在做题时，题目要仔仔细细看，问题要认认真真想，字要写得清清楚楚；做任何项目，都要讲效果、讲质量，不能急于求成，而是要考虑周全，按部就班地逐一做好。有了自觉、认真的态度，就会逐步养成仔细稳妥的习惯，"粗心"的性格也很快就会改掉。

第二点：要培养自我教育的能力

我们每个人长大以后都要一步步走向成熟，终要离开自己的学校走向社会工作。所以，培养自我教育的能力是非常必要的。第一步是要学会正确地了解自己，第二步是根据自己的特点，定出今后努力的方向，第三步就是要养成随时自我检查的习惯。通过检查避免错误。要想做事稳妥细心，那么就应该认真检查，这是做好事情的关键环节。

第三点：在设计好方案之后再动手去做

当我们接到一项任务后，很多人往往习惯于立即动手去做，直到遇到了困难，才会停下来想一想，可是往往此时却发现，已经做过的那些其实并不需要。为了避免陷于这种被动局面，就要学会先想后做。就是要先想一想应该做什么、需要什么、具体怎么做。当设计好了方案之后，再开始动手去做。比如在晚上做完作业整理书包时，就应该先想一想，明天需要用到哪些东西？怎么放置比较合适？然后再装书包。而不是拿起书包，见到什么就装什么。而且这样乱拿乱放，很容易造成物品的丢失或损坏。

第四点：要培养沉稳心细的性格和多问的学习习惯

这可以从新闻行业得到最好的印证，那些信息每天都是怎样登上报纸、进入电视和广播的？这些全都是新闻记者问出来的。多提问，恰恰是我们在学习过程中一个最关键的要素。只有心细好问、多问，才能解决学习中那些不明白的地方，才能有的放矢提高学习效率，才能在积极的情绪中真正学好知识。

◎哈佛成功指南

很多青少年都觉得自己不是学习的料儿，甚至认为能够上哈佛的都是精英中的精英，而自己根本无法和他们相提并论。事实上，你与哈佛学子之间的差距并没有那么大。只要能够拥有沉稳与细心，你就能够高效地学习。正如哈佛商学院前院长麦克阿瑟曾经指出："哈佛学生之所以能够成功，关键并不在于他们曾经在这所学校镀过金，而是在于他们经常会自己给自己施加压力，也拥有稳重与细心，这使得他们的能力得到了最大限度的发挥。"麦克阿瑟说这句话的意思，就是要让所有人知道，每个人都是具有潜能的，只要能够沉稳而细心地去学习，所有人都可能会学有所成。

◎哈佛心理研究院

帮助你进行社会适应能力的自我判别。

现代哈佛大学重点培养学生适应社会的能力和创造性人格，这是现代人生存与发展的基本必备能力，从某种意义上表明一个人的成熟程度。此项测试有20道题，每题备有5个答案，只能选一个答案。请在10分钟之内完成：

A. 与自己的情况完全相符；B. 与自己的情况基本相符；C. 难以回答；D. 不太符合自己的情况；E. 完全不符合自己的情况。

1. 在不认识的人面前公开出现，我总是感到脸红、心跳。

2. 能和大家融洽相处对我很重要，为此我经常放弃真实的想法，以便与多数人保持一致。

3. 只要检查身体，我的心脏就跳得很快，可我在日常生活中并不这样。

4. 哪怕在热闹的大街上，我也能全神贯注地看书、学习。

5. 参加某些竞赛活动，周围的人越热情我就越紧张。

6. 越是重大考试成绩越好，比如升学考试成绩就比平时高许多。

7. 如果让我在没有别人打扰的空房子里进行一项重要工作，那我工作成效一定很好。

8. 不管面临多么紧张的情形，我都能自如应对。

9. 哪怕倒背如流的公式，老师一提问也会忘掉。

10. 在大会发言时，我总会赢得最多的掌声。

11. 在与他人讨论问题时，我很难及时找到反击的语句。

12. 我很愿意和刚见面的人随意地聊天、说笑。

13. 家中如果来了客人，只要不是找我的，我总是想法避开，不打招呼。

14. 即使在深夜，我也不怕一个人走山路。

15. 我一直喜欢自己完成工作任务，不愿与人合作。

16. 只要有这种安排，我可以没有任何不满和抱怨通宵工作。

17. 我对季节的变化比别人敏感，总是冬怕冷夏怕热。

18. 在任何公开发言的场合，我都能很好发挥。

19. 每当生活环境发生变化，我总是感到身体不适，闹些小病，如发热、咳嗽等。

20. 到新的环境工作、生活，周围再大的变化对我也不会有影响。

结果分析

题号为单数题目的计分方法：A计1分；B计2分；C计3分；D计4分；E计5分。

题号为双数题目的计分方法：A计5分；B计4分；C计3分；D计2分；E计1分。

20~51分：你的社会适应能力很差，不太适应生活节奏和周围环境的变化，对于改变总是充满恐慌，缺乏主动适应环境的积极性。

52～68分：你的适应能力一般，还有待提高，你完全有能力以更高的热情、更积极的态度主动适应身边的人和事。

69～100分：你有很强的适应能力，无论是自然界的变化，还是地域、环境的变迁，你都能自如应对。

放下面子，勇于说出"不知道"

> 恐惧常起因于无知。
>
> ——拉尔夫·沃尔多·爱默生

◎读一读，想一想

古希腊哲学家苏格拉底曾说过："我唯一知道的就是我什么都不知道。"苏格拉底敢于放下自己的面子，承认自己是"无知"的，这种谦虚的态度也值得青少年学习。如果说苏格拉底也有自己的骄傲的话，那么他的骄傲就是勇敢地承认自己拥有很少知识，甚至"一无所知"。

每位青少年心中都有引以为傲的东西，同时也有隐藏的不愿被提及的短处或缺点。如果你的短处或缺点总是被拿出来说，就很容易产生自卑心理，对于爱面子的青少年来说更是如此。虽然爱面子也是一种正常而健康的心理状态，它代表着青少年的自我意识与自尊心，可是不肯承认自己的错误，不敢说出"不知道"，都无法学到真正本领。如果想成为一个成功的人，那么就要勇敢地面对自己的错误，面对自己的不足，并且敢于承认自己的无知。

165

中国有一句古话说："知之为知之，不知为不知，是知也。"一个人的学问越多，表现得越是虚怀若谷。哪怕是著名的哈佛教授，也有"不知道"的东西，更何况青少年呢？

　　我想你一定认识世界著名物理学家、获诺贝尔物理学奖的美籍华人丁肇中吧？他在接受中央电视台《东方之子》采访时，曾对很多问题都表示"不知道"。在这之前，他还在一所大学里做过学术报告。当学生不断提出自己的疑问时，丁肇中却"三问三不知"。
　　一位学生问："您认为人类能够在太空中找到暗物质或反物质吗？"
　　丁肇中回答："不知道。"
　　另一位学生问："您觉得自己从事的科学实验有什么经济价值呢？"
　　丁肇中还是回答："不知道。"
　　又有一位学生问："您知道物理学未来20年的发展方向吗？"
　　丁肇中继续回答："不知道。"

一位获得诺贝尔物理学奖的科学家，居然三问三不知道，这实在太让人不可思议了。不过，丁肇中却因此赢得了全场热烈的掌声。或许在很多人看来，"不知道"往往被当成无知或孤陋寡闻的表现，不过丁肇中先生的"不知道"却体现着一种做人的谦逊和科学家治学的严谨态度，这也让在场的所有人肃然起敬。

事实上，丁肇中在面对学生的提问时，完全可以不用说"不知道"，而是用一些专业性很强的术语糊弄过去，甚至用一些不着边际的话搪塞过去，或者直接对学生说："这些问题过于复杂，仅用一两句话根本解释不清楚。"可是，丁肇中并没有这样做，而是选择了最老实、最坦诚的回答，这样不但无损他的科学家形象，还凸显了他严谨的科学态度。

对于青少年来说，勇于承认自己的"无知"，大声地说出"不知道"并没有那么困难。只要你愿意承认自己还不够优秀，也不够完美，并且树立不断求知的信念，那么未来的学习之路也将更加平坦，否则你只会迷失在"自满"的假象中。

◎哈佛成功指南

我们发现，身边越是有学问的人，越是觉得自己"无知"。一个人所拥有的知识，与人类丰富的知识财产相比，简直太微不足道了。谁都不能说自己已经拥有了足够多的知识与经验，不敢说自己是"无所不知"的，更不能正确回答世界上所有的问题。当你放下面子，勇于说出"不知道"的时候，你才是一个不自满、不自负的学生。拥有这样的心态，你才能够更加注重学习、加强学习，从"不知"到"知"，从孤陋寡闻到博学多才。

◎哈佛心理研究院

你是一个很爱面子的人吗？

如果你的好朋友找你帮忙，而你又不想去做，这时候会怎样处理？

A. 出于无奈只好答应。

B. 跟他说明你不愿意去做，哪怕与他翻脸。

C. 先答应，事后再以各种各样的理由为自己推脱，说自己无法做到。

D. 委婉地拒绝。

结果分析

选择A：你是一个很有主见的人，无论做什么事情都有自己的原则，不会轻易向外界妥协，也不会为了面子上的问题而让自己委曲求全。

选择B：你是一个很注重表面关系的人，也很爱面子，为了得到肯定和认同你会选择委曲求全。对你来说人际关系很重要，你甚至会害怕一旦一次偶然的拒绝会使你和周围的人关系恶化，这样就会得不偿失！

选择C：其实在你的内心早已懂得人情世故，但是你不甘于屈服，所以你的行为会理性起来又有点叛逆。你觉得人与人之间的相处应该建立在互相体谅、互相尊重的基础上，不存在谁为了迁就对方而委屈自己这一说法，所以你会选择拒绝，而且会用比较令人容易接受的方式。

选择D：你是一个实事求是、踏实果断的人，不可否认你有很强的交际能力。你很少会向人解释自己的做法，因为在你看来，不了解的人说再多也无济于事，所以你就干脆答应下来，让别人认为你真够义气，就算以后有什么意外帮不了忙也不会怪在你头上。

学习知识要全面，"半桶水"滋养不出成功的果实

在一个全面发展的、活生生的、有血有肉的人身上，体现出力量、能力、热情和需要的完满与和谐。教育者在这种和谐里，应看到这样一些方面，诸如道德的、思想的、公民的、智力的、创造的、劳动的、审美的、情感的、身体等的完善。

——瓦西里·亚力山德罗维奇·苏霍姆林斯基

◎读一读，想一想

马克思曾经说过："任何时候也不会满足，越是读书，就越是深刻感到不满足。越感到自己的知识贫乏。科学是奥妙无穷的。"

我想给大家出个谜语："在一个桶里装多少水，摇晃起来的声音最大？"谜底就是装半桶水。这也反映出求学的特点：假如一个人认为自己没有一点学识，那么他们在求学的时候表现得最虚心；如果求学的人已经满腹经纶，那么他们会做到大智若愚，表现出应有的谦虚；只有肚里装了半桶水的人，他们自以为掌握了渊博的知识，表现出骄傲自大的样子，就像装了半桶水的木桶一样，摇晃起来能够发出巨大的声音。

自以为是的人往往就是最可悲的人，他们肚子里虽然装进了半桶水，但是这半桶水没有让他们解决实际的问题，却让他们变得目中无人、狂妄自大，比起那些没有水的人，他们显得更可悲。

那些肚里没水的人或许是一种谦虚态度，或许是真的一无所有，但他们拥有自知之明，会不断地为自己添水，慢慢地，他们肯定会注满水，而他们的谦逊会让他们装下更多的水，早晚会超过那些装了半桶水的人。

我们都知道学习是永无止境的，因为我们不能学尽所有的知识。所以这里所说的"全面"也是有一个限度的。然而越是热爱学习的人越会痴迷学习，就像马克思说的那句话一样，不停地学习，不断地发现自己的"无知"，然后投入更多精力去学习。

哈佛已经不知培养出了多少优秀精英，他们都掌握了丰富的知识，并且善于运用自己聪明的头脑，他们为社会创造了大量的物质财富和精神财富，并且让人类共同享受了这些果实。但是，哈佛之所以会拥有耀眼的光环，并不是因为它的传统和存在的年限，而是一代又一代哈佛人努力拼搏的结果。

◎哈佛成功指南

一个人的精力十分有限，所以不能掌握全部知识，只能从众多知识中寻求专一的知识去深入研究。"闻道有先后，术业有专攻"，讲的就是这个道理。没有人能成为所有领域的精英，而优秀的专家和学者也只是擅长某一领域和几个领域而已。所以我们要做的就是努力学习某一方面的知识，做到身怀一技。利用一技之长实现自己的人生价值和奋斗目标。当然我们也不能忘记"博采众长"，因为只有"博闻多学"才能让我们的视野变得更为宽广，才能让我们的头脑变得更加灵活。学习的知识越多，我们掌握的社会经验越丰富，能够解决的问题也越多。

◎哈佛心理研究院

你的学习方法好吗?

下面是10个问题,你实际上是怎么做的、怎么想的,就怎么回答。每个问题有三个可供选择的答案:是、不一定、否。请把相应的答案写在题目后面。

1. 学习除了书本还是书本吗?

2. 你对书本的观点、内容从来不加怀疑和批评吗?

3. 除了小说等一些有趣的书外,你对其他理论书根本不看吗?

4. 你读书从来不做任何笔记吗?

5. 除了学会运用公式定理外,你还知道它们是如何推导的吗?

6. 你认为课堂上的基础知识没啥好学,只有看高深的大部头著作才过瘾吗?

7. 你能够经常使用各种工具书吗?

8. 上课或自学你都能聚精会神吗?

9. 你能够见缝插针,利用点滴时间学习吗?

10. 你常找同学争论学习上的问题吗?

结果分析

第1、2、3、4、6题回答"否"表示正确,其他问题回答"是"表示正确。正确的给10分,错误的不给分。回答"不一定"的题目都给5分。最后计算总分。

85分以上,学习方法很好。

65~80分,学习方法好。

45~60分,学习方法一般。

40分以下,学习方法较差。

要像狗一样学习，像绅士一样玩耍

大脑应得到休息，这样你才能进入更好的思维状态。

——约翰·拉斯金

◎读一读，想一想

"狗一样学习，绅士一样玩。"这是哈佛十分有名的一句话。这句话告诉学生们无论是学习还是玩耍，都要充分利用每一分、每一秒，做任何事只有全力以赴、集中精力，才能快速高效完成任务。当该做的事情都完成时，也应该学会放松一下疲惫的身心，给自己一段时间去休息，做些能让自己放松的事，这样不仅可以放松身心，还能让自己处在愉悦之中。

能够进入到哈佛大学读书，并不意味着进入了"天堂"，却像是一下子跌入了"地狱"。在哈佛学习的学生，都面临着非常巨大的压力，学业间的竞争几乎可以用"残酷"来形容，那是对自身极限力的一种挑战，成绩斐然的哈佛商学院更是体现了这一点。

哈佛商学院采用的学制是两年制，在第一学年，学生的课程安排非常紧凑，主修课程达到了11门，而学校规定一年级的学生成绩中，最少有10个"良"，如果成绩单中出现的"及格"或"不及格"超过了8个，那么这些学生就"触网"了，他们能否直接进入到二年级学习，需要学生向成绩委员会递交请求，成绩委员会会根据学生的请求、"触网"的原因以及教授的评价来决定。请求通过的学生可以继续升学，没有通过的学生就要被迫退学，但是这些退学的学生还有权利再次申请到哈佛大学读书。

事实上每年"触网"的人数非常少，一般都低于5名，但是这并不意味着每个人都不会因"触网"而离开学校，相反就算只有5个人会被淘汰，那么这种威胁还是巨大的。因为评分不是以整个年级来划分范围，而是在班上按照百分比进行分配的，我们都知道即使是一群智者同行，也会有落后的一名。所以学生们面临的挑战是无时无刻都存在的。为了不致在残酷的竞争中淘汰出局，许多学生每天学习的时间都超过了13个小时，最多的达到18个小时，他们在凌晨一两点钟睡去，还要在第二天的8点半赶去上课，可以说每天大脑都很疲惫。

哈佛商学院采用的学习机制就是不断地给学生们施加压力。学院在评定学生的成绩时主要包括两个方面，一方面是看学生在课上的发言情况，另一方面则是期末的考试成绩，学生通常没有书面作业。学生为了获得优秀的成绩，在上课前要花费很长一段时间进行预习和准备，而他们在课堂上发言都会十分积极。

哈佛大学商学院的学生把预习都看得非常重要，因为预习的好坏决定了在第二天或者下一节的课上能否进行有质量的发言。因此课前他们会钻进图书馆努力地搜集和整理资料，在第二天的早上，学生们就要带着自己努力思考得出的方案去上课。

每一次教授在讲课前都会环视一下教室，他是在寻找第一个发言的人。此时教室似乎笼罩着恐怖气氛，每个人都将心提到了嗓子眼，假如被教授提名的学生因为预习不充分选择了"pass"，那么他就会面临巨大的威胁。

商学院的记分规则是在课室发言中选择一次"pass"的话，就意味着你的成绩要被拉下一档；选择两次"pass"后，就有拿不到学分的可能性；当"pass"的次数超过3次，不仅会失掉学分，校方还会对该生做出"行为不良"的警告，如果情况严重，那么该生还有可能被勒令退学。

我们可以看出哈佛大学是多么残酷的"地狱"。这里的竞争无时无刻都在，永远让人处在极度的紧张和疲惫当中。然而在学习强度如此大的哈佛大学，学生们虽然承受了巨大的学习压力，但学校并不提倡让学生用学习去占据所有的时间。学校认为学生在学习时要竭尽全力，但是也不能忽视"玩"的重要性。哈佛的学生也认为哈佛大学安排的课余生活似乎胜过了对课程的学习。因为学校知道适当安排一些课外活动并没有和教育使命相违背，而且这些活动正是对教育使命提供的一种支持。所以哈佛大学也提倡学生"要像绅士一样玩"。

在哈佛，学生们不仅在学习中投入了全部的精力，在学习之余，还会积极参与到学校组织的艺术活动当中，例如音乐会、戏剧表演、舞蹈演出以及其他艺术展览等，不仅如此，哈佛每年都会举办艺术节，这极大丰富了学生们的课外生活。学生在这些充满艺术气息的活动中得到了艺术的熏陶和教育，同时他们的审美能力和艺术修养也得到了进一步提高。

◎哈佛成功指南

哈佛大学的理念就是希望学生在日后能够学会劳逸结合，当完成一段紧张的学习后，可以暂时将它们抛在九霄云外，之后就像学习那样拼命一样，全身心投入到玩耍中，让身心都得到全面的放松。事实也正是如此，当我们放松下来，尽情休息一段时间后，我们的精力和体力才会快速恢复，这无疑为我们增添了参加新一轮"战斗"的力量和动力。因此，我们在前进时，不仅要努力学习，一丝不苟，还要学会适当地放松自己，做到劳逸结合。

◎哈佛心理研究院

你是不是一个懂得学习之道的人？

心理测试：假期时，面对一堆作业，你通常会：

1．利用一段时间，做完所有作业，之后痛痛快快地玩。

2．放假了，先好好玩一段时间，等假期要结束时，再抓紧时间做作业。

3．制订好计划，每天完成一定的作业，学习之余好好放松一下。

结果分析

选择1：前期给自己施加了太多压力，后期又进入毫无压力的状态，长此以往，不利于身心健康。

选择2：前期过于享受生活，后期会陷入紧张忙碌之中。

选择3：懂得劳逸结合，每天既能完成一定的任务，又不会陷于疲惫之中。懂得真正的生活和学习之道。

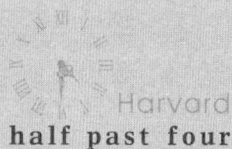

在哈佛，分数并不是代表成功的唯一标准。想要进入哈佛，并不是像传统高考一样，考一个高分，学校就可以无条件录取你。哈佛与学生之间的选择是双向的，校方不会只给予学生进入哈佛的机会，还要考虑学生能为哈佛贡献什么。想要进入哈佛，要经过一系列的程序，而哈佛最看重的就是学生的综合素质以及未来的发展空间。

第八章

举重若轻的考试之旅:
分数并不是终点

你能凭借高分进入哈佛吗

知识可以产生力量，但成就能放出光彩；有人去体会知识的力量，但更多的人只去观赏成就的光彩。

——切斯特菲尔德

◎读一读，想一想

很多家长都把分数的高低，看成青少年是否优秀的标准，这也导致大部分青少年产生了同样的想法——只要拥有了好成绩，只要考试能够拿到高分，就是一个"优秀"而成功的青少年，甚至以为拥有了高分，就能够得到哈佛的青睐。

也许你还不知道吧？在哈佛，分数并不是代表成功的唯一标准。如果你想要进入哈佛，并不是像传统高考一样，考一个高分，学校就可以无条件录取你。哈佛与学生之间的选择是双向的，校方不会只给予学生进入哈佛的机会，还要考虑学生能为哈佛贡献什么。想要进入哈佛，要经过一系列的程序，而哈佛最看重的就是学生的综合素质以及未来的发展空间。

想要被哈佛大学录取，必须经过下面这些程序，其中分数只是占了很少的一部分。

托福成绩（TOEFL）

托福是由美国教育测验服务社（ETS）举办的英语能力考试，旨在消除校方语言交流的一些障碍，这一项英语考试非常重要，是考哈佛大学的第一关。英语不仅仅要达到课本要求的水准，还要另外进行努力，只要能达到一定标准，沟通无大障碍即可。

学校成绩（GPA）

关于学校成绩，对于高中生申请哈佛大学来说，作用十分有限。在校成绩只是作为一个参考而已。

社交与领导能力

哈佛大学十分重视学生的社交能力和领导能力。而这些可以通过课外活动来体现，哈佛把学生课外活动的表现作为入学评价的标准之一。不仅仅是哈佛，国外其他一些名牌大学也十分重视这一点，竞相录取课外活动表现突出的学生，有的甚至将考生课外活动表现作为总评分的25%。而这一点，其实是看学生的适应能力以及对社会的责任感和爱心认知，并考验学生是否在社会活动中表现出色。这样不仅可以反映一个人的人品，还是一个人是否可以为学校做出贡献的证明。

个人艺术或者体育特长

不仅仅是哈佛，国内的大学也会招收特长生。不管是艺术方面的特长，还是体育方面的专项，都可以通过自己的艺术作品和各个比赛成果来体现。哈佛大学申请人的特长是非常受学校关注和欢迎的，有时可以在评审录取时进行特殊考查。

推荐信与校方评价

推荐信对于申请哈佛的学生来说十分重要，因为这是别人对自己比较客观和真实的评价，也是学生人际交往能力的一种体现。一些留学咨询专家认为，如果能够找到说话比较有分量的名人写推荐信，那么推荐信的作用将大大增加，甚至会起到一锤定音的效果。一个人再自我夸耀，也不及外界的一句评价。校方评价也很重要，这能体现出申请人在校表现是否优秀。

面试

似乎在传统的观念中，面试这个词语只是出现在职场。但是，出国上学一般都需要面试，这不仅仅是考验一个学生的知识与修养，还是对学生现场应变能力和心理素质的考验。面试是学生进入哈佛之前，与哈佛大学的第一次面对面。所以，面试的状态和评价对于进入哈佛大学的重要性可想而知。美国时代华纳公司的董事长理查德·芝罗有句话："高分数只能说明你有较高的智商，但是仅靠高分数是远远不够的。今天各行各业的领导人士，其实很多人分数并不理想。"

想要成为一名合格的哈佛学生，不仅仅要分数，还必须拥有哈佛学生的特质——积极向上、永不言弃、充满热情、善于合作、富有创新精神等。

面对考试，哈佛的学生都遵循着以下信条，只要在平时做好这些，考试就是小菜一碟：

因此，从现在开始，你就可以按照下面的标准要求自己。

发现自己的特长

不做全面的"庸才"，在自己擅长的科目上深钻，让自己的强项变成一项能够为自己加分的技能。

不做"瘸腿儿"的偏才

对于学得不太好的科目，不能轻易放弃，应该多和老师交流，越是不擅长的事情，越要更努力去做，要明白，决定你成绩的不是你擅长的科目，而是你不擅长的科目。

多问问题

随时随地都思考问题，讨论问题，让思考成为你的习惯，让自己变成老师的"鬼见愁"，只有摆脱这些困扰，你的问题才有可能继续前进。

和同学们多交流

永远不要一个人学习，共同进步才是能够让你最快达到目的方法。

总之，不要觉得分数决定一切，或者分数对你不公平，只要你用优秀的标准要求自己，你就是能够进入哈佛的最优秀的青少年。

◎哈佛成功指南

有太多的青少年拥抱着"哈佛之梦"，埋头苦学，不断奋斗着。如果你也把自己的梦想放在哈佛，就必须做好全力奔跑的准备了。因为哈佛大学需要的不仅仅是优异的学习成绩，还有德、智、体、美、劳的全面发展。这就像一场万人马拉松比赛，你必须拥有突出的体力和耐力，才有可能赢得最后的胜利。当然，进入哈佛大学只是另一个梦想的开始。在这所顶级名校中，聚集了世界各地的优秀人才，你只有发挥自己的潜能，付出更多的努力，才能从这些优秀的人才中脱颖而出，成为真正的成功者。要知道，哈佛大学最看重的不是你装下了多少东西，而是你未来能够装下多少东西。

◎哈佛心理研究院

你是乐观的孩子，还是悲观的孩子？

有一年夏天，你和父母一起去美丽的夏威夷度假，当你住进提前预订好的房间之后，轻轻地喘了一口气，然后打开了窗户。这时候，你觉得自己会看到什么样的景色呢？

A．远处的大海以及在海边玩耍的游客。

B．大海中的岛屿。

C．旅馆的游泳池和人群。

D．宽敞的阳台，上面种着五颜六色的花草。

结果分析

选择A：乐观型。看得到旅馆外东西的距离感，表示你多少对长远的将来抱有一点展望，一般说来，这是认为自己的将来很乐观。

选择B：超级乐观型。可以看到那么远的距离的话，你的将来是不是很安乐，无忧无虑呢？不过，比起忧郁地沉思，还不如开朗一点更能招来运气。

选择C：轻微悲观型。旅馆的游泳池之类的，一般都在窗边，将这种距离感转换为时间的流逝，以长久的态度而言，觉得将来是抓不住的，稍微有点悲观的成分存在。

选择D：严重悲观型。只能看到这么近的东西，你的未来观实在是非常的悲观！

做竞赛型选手——疏导紧张的情绪

> 生活越紧张，越能显示人的生命力。
>
> ——恩格斯

◎ 读一读，想一想

我想很多青少年朋友都有这种感觉——平时学习的时候明明学会了，可是考试的时候却会做错。除了懊恼自己之外，实际上要深层次地探究出现这种情况的原因。事实上，这种情况并不关乎你的学习情况，更多是由于心态上的原因。如果你想要在各种考试中脱颖而出，就要有良好的心理素质，要想做一个竞赛型选手，就要学会掌控自己的紧张情绪。

每个人都会不由自主地产生各种情绪，但并不是所有的人都能掌控好自己的情绪。在情绪失控之下，人往往会变得紧张、担忧、害怕，甚至歇斯底里，犯下无可挽回的错误。一个人如果能够掌控好自己的情绪，实际上就是在一定程度上掌握了自己的人生。

哈佛大学心理学教授丹尼尔·戈尔曼博士指出，一个人了解和控制自己情绪的能力，对这个人未来的影响，要比他的智商起的作用更大。俗话说"冲动是魔鬼"，许多人在情绪冲动时，往往会做出令自己后悔不已的事情。如果在各种考试竞赛中紧张、恐惧的情绪无法消除，也会导致人生的失败。因此，学会有效疏导和控制自己的情绪，是一个人是否走向成熟的标志，更是迈向成功的重要基础。

一般来说，紧张是人正常的心理反应，但是我们不能成为情绪的奴隶，不能让任何消极的心境左右人生。消极情绪对健康是十分有害的，一个情绪紧张、经常发怒和充满敌意的人，很可能会患有心脏病，哈佛大学调查了1600名心脏病患者，发现这些人中经常焦虑、抑郁和脾气暴躁者，要比普通人高3倍。因此，可以毫不夸张地说，学会疏导和掌控自己的情绪，是一件生死攸关的大事。戈尔曼教授推荐以下几点建议，教大家如何控制和疏导紧张的情绪：

遵循规律

加州大学心理学教授罗伯特·塞伊说："许多人都将自己的情绪变化归之于外部发生的事，却忽视了可能与身体内在的生物节奏有关。我们吃的食物，健康水平及精力状况，甚至一天中的不同时段，都可能影响我们的情绪。"塞伊教授发现，那些睡得很晚的人可能情绪更不佳。人的精力往往在一天之始处于最高峰，在午后有所下降。塞伊说，"一件坏事也许并不一定能使你感到烦心，但是它往往会在你精力最差的时候影响你。"

要保证睡眠充足

有一项调查表明，美国成年人平均每晚的睡眠时间还不足7小时。睡眠不足对人的情绪影响极大，那些令人紧张和烦心的事，就更容易左右睡眠不足之人的情绪。因此，为了改善紧张的情绪，就要尽可能为自己安排充足的睡眠。

经常亲近大自然

与大自然亲近，有助于缓解紧张情绪，使心情变得愉快开朗，一位著名歌手说："每当我心情沮丧、抑郁的时候，我便去从事园林劳作，在与花草林木的接触中，我的紧张与不快之感也烟消云散了。"即使我们走到窗前眺望一下窗外的青草绿树，也会对人的心情有所裨益。密歇根大学心理学家斯蒂芬·开普勒，做过这样一个有趣的实验，他让两组人员分别在不同的环境中工作，一组的办公室窗户靠近自然景物，另一组的办公室位于喧闹的停车场，结果发现前者比后者的工作效率高，也较少出现不良心境，情绪更安定。

◎哈佛成功指南

心理学家米切尔·霍德斯说："一些人往往将自己的消极情绪和思想等同于现实本身。其实，我们周围的环境从本质上说是中性的，是人给了他们积极或消极的价值，问题的关键是你倾向选择哪一种。"因此，你以什么样的心情来面对生活，生活就会以同样的面貌来对待你。当你早晨起床，面对一些使人厌烦和紧张的事情，而觉得内心抑郁和沮丧的时候，不妨坚定地打定主意：无论发生什么事，你都要将这一个特别的日子，作为你一生的一个"欢乐日"。这样，就不至于在烦闷忧虑中虚度一日，不仅如此，还要在毫无困扰的情况下完成某件事，当然就会更有成就感。一个人如果没有紧张、犹疑，没有了恐惧、没有了颓丧，那他一定是一个生活悠然自得的人，完全可以得心应手地应付各种考试与竞赛。

◎哈佛心理研究院

你的竞争力如何？

如果有一位魔法师要把你变成某种动物一周，一周后你就会恢复人形，请问你希望自己可以变成什么动物？

A．金鱼

B．老虎

C. 鸽子

D. 蝴蝶

E. 狮子

结果分析

选择A：竞争力60分，你的勇气和勇敢程度相当不错，是态度积极的类型，代表你对目前生活状态还算满意。

选择B：竞争力80分，你在人际关系方面相当有竞争力，所以人缘比较好。

选择C：竞争力20分，你的内心对现状有点不满，想要跳脱，建议你多做些运动、停止空想比较好些。

选择D：竞争力40分，你在人际关系上能处理得很好，虽然竞争力不强，但最近朋友间的气氛还算不错。

选择E：竞争力100分，弱肉强食的观念深植于你的内心，所以你会很努力地学习，不想被竞争者淘汰。

作弊是最低劣的手段——哈佛大学舞弊处理

> 诚实比一切智谋更好，而且它是智谋的基本条件。
>
> ——伊曼努尔·康德

◎读一读，想一想

美国现有高校4000多所，是世界上高等教育最发达的国家之一，各大学都十分重视学生的学术诚信教育，特别是像哈佛这一类的研究型大学，从学生一入校就开始进行教育。

哈佛的教育宗旨是，合格的学生必须是以诚信为前提的。哈佛大学专门制定了"学生学术诚信条例"，对考试作弊、论文抄袭等不诚实的学术行为，从定义、表现形式到处罚规则和申辩程序，以及论文引用文献时所应遵循的规范等，都一一作了详尽的规定。哈佛大学还建立"荣誉守则制度"，在新生入学时，每一位都要在荣誉守则上签名，做出学术诚实保证，并以此作为新生能够入学的条件之一。

哈佛严格的学术规范，是独立思想得以科学论证的重要保证，一切抄袭、剽窃和改头换面的移植，都是哈佛在教学、研究和学习中的大忌。哈佛教授要求学生论文的所有观点，必须要建立在扎实的文献搜集、分析和研究的基础之上，要求作为主要依据的文献，也必须是规范化的学术研究的产物。

哈佛大学认为，作弊是一种最低劣的手段，因此，对舞弊处理往往都非常严厉。2005年3月8日，哈佛大学取消119名申请者的入学资格，就是因为这些申请者在学校发放录取通知书之前，利用一个在线申请软件的安全漏洞，侵入学校网站偷看录取结果。对此，哈佛商学院院长基姆·克拉克发表声明说："这种行为是不道德的，这是对诚信的严重违背，没有辩解的余地。任何申请者一经发现有此行为，将不予录取。"克拉克还说，商学院培养学生的标准是品格正直，判断力准确，而且道德高尚。

鼓励和培养独立思想，是哈佛大学的教育之本，每当新生入学，都会拿到《哈佛学习生活指南》，其中有这样两段话：独立思想是美国学界的最高价值。美国高等教育体系，以最严肃的态度反对把他人的著作或者观点化为己有——即所谓的剽窃。每一个这样做的学生都将受到严厉的惩罚，直至被从大学驱逐出去。所以，当学生在准备任何类型的学术论文的时候，包括平时的作业、课堂口头发言稿、考试论文等，你都必须明确地指出，文章中有哪些观点，是从何种形式的文字材料上移入，或是借鉴何人的著作而来的。

美国高等教育体系，总是以最严肃的态度来反对学生作弊，反对把他人的著作或是观点化为己有，即所谓的剽窃。每一个这样企图舞弊的学生，都会受到比较严厉的惩罚，甚至被从大学驱逐出去。

那么哈佛大学是怎样训练保持学生的独立思考能力的呢？哈佛大学教授认为，独立思考的能力是一种随着年龄增长，而必须拥有的一种能力，并且还总结了培养独立思考能力的10个窍门：

1. 有疑问就要发问，不要害怕提出问题，即便是一些别人都没问过的问题。

2. 经验比权威更重要。如果有专家、权威人士要让你相信什么，但是和你的实际经验相抵触，那么不要被他们吓倒。

3. 理解对方的意图。如果别人找你谈话，一定要清楚对方的意图是什么？要想明白，他们对你所说的话有没有什么背后的原因？

4．不要觉得自己必须随大流。要思辨，这是哈佛的传统。

5．要相信自己的感觉。如果你觉得不对头，那么很可能真的有什么不对的地方。

6．要保持冷静。保持冷静和客观，可以使你的头脑更清醒。

7．多积累事实。事实是验证真理的唯一标准。

8．要从不同的角度看问题。每个事物都有多面性，应尝试从不同的角度去认识问题、解决问题。

9．设身处地了解对方的处境，才能更好地了解对方的想法。

10．勇敢地鼓励自己，站起来说"我不同意"。不要害怕，经过磨砺才能成长。

◎哈佛成功指南

哈佛大学认为，让学生学会独立思考，要比告诉他一个答案更有意义。搞清楚问题最终的答案固然很重要，但是更为重要的是，要在解决问题的过程中进行独立思考。不要轻易接受别人的观点，而是让每一个经过自己的观点，都能通过大脑的思考和过滤，最后形成自己对问题的系统认识，这就是哈佛人的学习模式。独立思考是一种能力，可以从中找到规律性的东西，帮助你解决一系列问题。如果在学习上学会了独立思考，那么在为人处世的其他方面，也就会进行独立思考、动脑筋，不会只想着去问别人甚至作弊。而这又涉及更为深远的意义——培养人独立的个性。

◎哈佛心理研究院

你的自制能力如何？

1．期末快到了，同学们都在进行紧张的复习，这时电视台播出你喜欢的电视剧，你会？

    A．对电视剧忍痛割爱

    B．看完电视再复习

    C．放弃学习，看电视

2．在寒冷的冬天，你会？

    A．每天都能按时起床

    B．偶尔睡一睡懒觉

    C．经常留恋温暖的被窝

3．自习课上，同学们都在随心所欲地聊天、看小说，你会？

    A．一心学习

    B．一边看书，一边和同桌聊天

    C．随心所欲地玩

4．正做作业时，朋友们喊你去玩，你会？

    A．委婉地拒绝

    B．匆匆忙忙赶完作业，再去玩

    C．立即丢下作业，飞奔而去

5．当你心情烦躁，什么事也懒得做的时候，你会？

    A．也能坚持当日事当日毕

    B．勉勉强强应付

    C．把今天的任务推到明天

6．晚上，你做作业，有人在打扑克、玩游戏，你会？

    A．专心致志地学习

    B．心猿意马地做作业

    C．不做作业，跑出去玩或看他们玩

7．老师在上课，但你还有一本小说没看完，你会？

    A．聚精会神地听课

    B．边听课边看小说

C．聚精会神地看小说

8．在平日里，你通常会?

　　A．不管老师在不在都认真学习

　　B．只有老师守着你才学习

　　C．老师盯着我，我也只装样子，不认真学习

9．上课时你的同桌热情地想和你聊天，你会?

　　A．不理他

　　B．漫不经心地应付他

　　C．和他聊天

10．当学习和娱乐发生冲突时，你会?

　　A．马上决定去学习

　　B．先娱乐，再学习

　　C．尽情娱乐，忘了学习

计分方式

选"A"计5分，选"B"计3分，选"C"计0分。

结果分析

45～50分：你的自制能力很强。

35～44分：你的自制能力较强。

25～34分：你的自制能力一般。

15～24分：你的自制能力较差。

15分以下：你的自制能力很差。

有备无患，别做"突击队员"

机遇只偏爱那些头脑有准备的人。

——路易·巴斯德

◎读一读，想一想

每次考试之前，有的青少年就会寝食难安，还会出现失眠、烦躁、抑郁等情况。其实这些都是"考前综合征"的症状。为什么有的青少年会出现这些症状呢？最主要的原因还是害怕考试，平时不懂得储备知识，到紧急关头想要"临时抱佛脚"也晚了。

哈佛大学就很重视学生的知识储备，教授经常会对学生说："一个人的能力高低，主要看他的知识储备量是多少，如果你不想做一名'突击队员'，那么就要做到有备无患。"由于现代知识浩如烟海，其更新速度也是越来越快，如果还是依靠传统的大脑记忆法，已经很难适应时代的需求了。想要改变这种困境，就要让你的大脑得到最大开发，因此你必须学习一些全新的知识储备方法。

伟大的科学家爱因斯坦博学多才，可是你相信吗？有一次爱因斯坦居然连一个常识性的问题都答不上来。他在美国参加一次宴会，有人问他："从纽约到芝加哥有多少英里？"爱因斯坦尴尬地笑了笑，回答说："不知道，但是只要查一下《铁路指南》就知道了。"那人又问："那么不锈钢是什么制成的？"他回答说："查一下《冶金手册》就知道了。"

通过上面的问答，我们可以发现几个问题：

1. 爱因斯坦的大脑中并没有"铁路长度"与"炼钢材料"的准确记忆。

2. 爱因斯坦并没有因为这样的"无知"而感到惭愧。

3. 如果需要这些知识，爱因斯坦也有应付能力。

在这里，爱因斯坦的记忆内储材料只有《铁路指南》和《冶金手册》两本书名，至于"从纽约到芝加哥铁路的长度"和"不锈钢的化学成分"则是他记忆的外储材料了。

最新的知识储备法告诉我们，那些随时需要抽取的常用知识，应该巩固地记入大脑，作为"内储"；而那些通用的稍次或者不易被记住的人、事、地名、公式、数据等，则以书籍、笔记的形式放在身边，方便随时查阅，作为"近外储"；对于不常用、记忆力不容易保存的有关知识资料，则作为"远外储"，在需要的时候去图书馆、资料所或上网查找就行了。

中国古代有一句话叫："积学以储宝！"再丰富的知识宝藏也是在不断学习的过程积累起来的。如果你去书店里买了一本很有价值的书，那么你能够说这本书就是属于你的吗？由于书本内容并没有与你的大脑建立联系，也不存在提取和利用的可能性，所以你并不能说这本书已经属于了你。只有在你读完之后，对它的基本内容有了了解，并对其精华部分分别进行内储和近外储之后，才可以在真正的意义上说，这本书属于你了！

对于经常面对考试和竞争的青少年来说，如果掌握了知识内储与外储等重要的用脑艺术，就能够让自己的大脑功能得到最大限度的开发，从而让自己拥有一片知识的沃土。当然，你可能正面临着紧急的考试，或者急需丰富的知识储备，可是由于你"囊中羞涩"，现在感到力不从心，那么你就考虑一下"科学地临时抱佛脚"吧！

在这里，我给青少年朋友介绍几条"科学地临时抱佛脚"方法，希望对你有用：

1. 找几份历年的试题，研究一下题型，单选、多选、填空……清楚每个题型的分值。

2. 再认真思索自己能在每个题型上有把握拿到几分，统计后的分数有没有理想，不理想的题型要重点复习。

3. 拿起课本，把书中的重点快速看一遍。然后合上书本，静静回想，如果有记忆很混乱的地方要重复阅读。

虽然"科学地临时抱佛脚"能够起到一定的作用，不过并不是"长久之计"，如果你希望自己在面对任何考试、任何问题的时候，都可以应对自如，就要做到"有备无患"，努力储备更多、更丰富的知识。

◎哈佛成功指南

在一堂哈佛公开课上，有人问哈佛教授："有什么简单有效的方法，能够快速提高我的学习成绩呢？"哈佛教授回答说："很多人都在寻找最简单、最有效的学习方法，其实这个世界上根本没有这样的方法存在，当你在寻找这些方法时，你已经错过了真正的好方法。"我们虽然不能断定，这个世界上并没有真正好方法，能够快速有效地提高你的学习成绩。可是在你找到这种方法之前，最好的方法就是按部就班地学习。简单地说，就是努力积累知识，让自己的知识储备量足够丰富。这样在面对考试或竞争的时候，你就能够做到游刃有余了。

◎哈佛心理研究院

你有危机意识吗?

如果农场里跑出来一头牛,你的直觉会认为,它将走到下面哪一个地方觅食?

A. 山脚下   B. 大树下

C. 河流边   D. 栅栏旁

结果分析

选择A:你的危机意识很强,甚至有点杞人忧天。也许原来很容易的事,但被你天天惦记着,久而久之也就变成困难了。

选择B:你是属于那种高唱快乐得不得了的人,一天到晚无忧无虑,你认为船到桥头自然直,没啥好怕的。如此乐知天命,现在像你这样乐观的人恐怕不多了。

选择C:你成天迷迷糊糊,记性又不好,总是要别人提醒你才会有危机意识,但是一会儿之后又完全不记得危机意识是什么东西了。

选择D:你的确挺有危机意识,连跟你在一块儿的人也被你强迫一起具有危机意识,简直是思想强暴嘛,不过你所担心的事的确有担心的价值。也就是说,你没有瞎紧张,反而常常未雨绸缪。

扮演一回判卷老师，给自己纠错

最好的好人，都是犯过错误的过来人；一个人往往因为有一点小小的缺点，将来会变得更好。

——莎士比亚

◎读一读，想一想

无论是平时做作业，还是课堂练习，甚至是各种重要的考试中，青少年总是不可避免地出现错误。一部分青少年会认为，这是自己粗心大意造成的，其实很多题目自己都会做，只是因为"粗心"而做错了；还有一部分青少年会认为，是自己真的不会做，并且为此而内疚、一蹶不振。

哈佛大学却允许学生"犯错"，因为犯错也有犯错的意义，你不能只看到错误本身，而应该调整好心态，去正确看待错误，也学会自我反省。正如心理学家盖耶所说："谁不考虑尝试错误，不允许学生犯错误，就将错过最富成效的学习时刻。"错误是通向成功的阶梯，青少年犯错的过程也是一种尝试和创新的过程。

196

在一般人看来，犯错可能是一件很丢脸的事情，所以人们都不忍直视自己的错误，也不愿意反思和检讨，从中学到一些类似经验的东西。于是我们看到那些犯错的青少年，总是急匆匆地想要翻过这一页，好像自己的错误有多么不可原谅一样。可是哈佛心理学教授却告诉我们："做错事是一种常态行为，这是每个人都会经历的事情！"那么，在考试过程中做错题，也就是正常而微小的事情了。你完全不必太过焦虑。

美国《纽约时报》的专栏作家爱丽娜·塔根曾说过："很少有人会把犯错当成一种常态行为，更不愿意从错误中学习和总结经验，直到那些微不足道的小错变成不可挽回的大错。"

爱丽娜在自己的著作《错误无伤大雅：犯错的意外收获》中指出，即使有少数人觉得自己是勇于犯错，能够直面错误的"专家"，可现实却让我们看到了一处处人性的弱点。对于普通人说，犯错可能无伤大雅，也不会造成太大的影响。不过要是换成商界大亨，或者政坛头领，他们所犯的错误、所做出的错误决定，可能就会带来无法估量的后果了。

很多人可能会认为，最让自己引以为傲的事情就是正确行事，正是由于这种略带偏见的认识，才让人们将犯错认定为"不正确、不正常"的事情，这也是一种思维定式。其实，每个人都会犯错，都会做出错误的决定，这只是一种常态行为。只有不断犯错，不断总结经验，才能不断进步和提高自己。正如伟大的爱因斯坦所说的那样："如果一个人从来没有犯错，那么他肯定从来没有尝试过新鲜事物！"

◎哈佛成功指南

犯错是一种常态行为，可这并不是说我们可以允许自己随意犯错，或者对于错误置之不理。对于犯错的正确理解，能够让你在做决定的过程中毫无负担，可是当你真正犯错之后，就应该对自己的行为进行反思了。当你真正意识到自己犯错时，要做的不是思考自己为什么会犯错，而是马上行动起来，尽可能地弥补自己的错误。另外，还要学会总结与反省，以后就不会再犯同样或类似的错误了。这不仅适用于考试，也适用于生活与学习的方方面面。

◎哈佛心理研究院

你的认错指数是怎样的？

如果你去参加一位国王的宴会，在国王赐酒时，你不小心把一个价值连城的杯子打碎了。好在国王似乎并没有什么反应，你道了歉之后会怎么办？

A. 等侍者把它收拾好。

B. 自己动手把杯子碎片收起来，问如何补偿。

C. 认为国王那么有钱，你假装无所谓才像见过世面。

结果分析

选择A：不管是关系亲密的人，还是一般的同学朋友，只要与你起了矛盾，你总认为自己没错，希望别人先低头。

选择B：通常在与同学或朋友发生问题时，你总习惯主动道歉，觉得都是自己的错。

选择C：你很容易因为小小的过错而失去朋友，因为在你的意识里，即使自己有错，也一定要做到死不承认。

空间理论——论成绩不理想的优越性

> 高分数只能说明你有较高的智商，但是仅靠高分数是远远不够的。今天各行各业的领导人士，其实很多人分数并不理想。
>
> ——理查德·芝罗

◎读一读，想一想

人的一生，谁都希望无论是在学习、事业以及生活上能够处于顺境、远离困境。但是往往逆境就像影子一样，总是在自己的身边徘徊。面对逆境，有的人扼腕叹息，有的人紧抓机遇，因为他们知道：困境里往往蕴含着顺境中不可能有的机遇。正如法国的戴高乐所说："困境，吸引坚强的人。因为只有在困境中，才会真正认识自己。"

对于校园中的青少年朋友，学习成绩不理想，自然是最大的困境之一。殊不知，成绩暂时的不理想，反而比成绩理想的时候更加有好处。

因此，我们要改变对待考试的态度：我们要注重过程，利用结果。注重过程，就是注重在学习中知识是否理解、思路是否正确、回答问题是否有条理、书写是否规范等，只要把注意力集中在这些地方了，平时做得很好了，还用担心考试考不好吗？即使偶有考不好的现象，也要把这次考试当成是对自己一次难得的检验，及时得查漏补缺，还愁将来不更好？有些孩子考试考得不好，总是给自己解脱说马虎，其实平时不马虎，考试时怎能马虎呢？所以，任何时候都不要抱着侥幸心理考试，这样只能徒增自己失败的砝码罢了。

中国感恩教育第一人彭成老师曾经说过："成绩越差，成长空间越大！"

那么，成绩不理想有哪些优越性呢？

空杯心态，不会骄傲

什么是"空杯心态"？空杯心态，指的是一种谦虚的心态。能放下身段、凡事从头来过。虚心使人进步，骄傲使人落后。说白了，归零心态就是让我们变得更加谦虚。正所谓，谦虚是人类最大的成就！

不断进步可以增加学习的热情

有一句哈佛格言是这样说的：只要抱着高度的热情去学习与工作，它就会将你生命中的烟花点燃，让人生绚丽地绽放，也让世界因为热情而改变。

哈佛学子们大多拥有高度的热情，因为他们知道，没有了热情，便不会再有进步。青少年朋友应该明白，热情是一种行动力，只有这样对学习、对工作、对生活都充满了热情，我们才能进一步地提高自己的学习与工作效率，让未来更加丰满。

成就感强烈，动力更大

成就感是做一件事情或者解决问题时，心里感到愉快或成功的感觉。成绩不理想的同学，通过自己的努力不断进步，在进步的同时会感到强烈的成就感，从而心情愉悦。当你发现自己的问题随着知识的增加得以解决，你就会对学习产生巨大的动力。有了对学习更大的动力，便会取得更多的进步与成就感。

◎哈佛成功指南

失败是每个人都不想要的结果，但是换个角度来看，失败是一种尝试，是一种给予失败者应对更大挑战、承担更大责任的准备。失败与困境不过是过程中的一个小小的片段，而在这个片段里，有更多发挥自己潜能的机会。

◎哈佛心理研究院

测试一下你的"空杯心态"怎样？

1．你会坚持写日记。

2．比起电子相册，你更喜欢把照片冲印出来放在相册里。

3．只要时间允许，你不会错过任何一次和老朋友的聚会。

4．你手机中舍不得删除的短信数量超过50条。

5．你有收集旧书的习惯。

6．你经常保存着很久以前收到的邮件。

7．你能轻易回想起以前经历过的事。

8．你还能从衣柜里翻出一件早已过时的衣服。

9．你会时不时唱老歌。

10．在餐厅就餐时，你有"固定餐单"。

结果：计算有几条符合你。

结果分析

0～3条：你的"空杯心态"很好，你能轻易忘记一切，刚发生过的事情，哪怕再美好，都是过眼云烟。对你而言，"未来"远比"过去"重要。

4～7条：你的"空杯心态"一般，对于那些应该忘却的，你会慎重地做出取舍。

8～10条：你的"空杯心态"很差，你很愿意活在过去，哪怕是一些零碎的记忆片断，都会被你细心收藏。

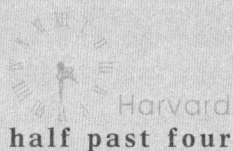

　　成功并不是一件容易的事情，在追求成功的道路上总会受到困难和挫折的洗礼。当困难和挫折一次次向你袭来，你是选择半途而废，还是坚持到底呢？这两种选择自然会得到两种不同的结果——失败或者成功。哈佛学子懂得坚持的意义，当他们遇到困难和挫折的时候，总会在心底告诉自己："只要再坚持一下，就能看到成功的转机！"

第九章
不可低估的失败价值：
自怨自艾不如越挫越勇

失败不可怕，对失败视而不见才可怕

失败也是我需要的，它与成功对我一样有价值。

——爱迪生

◎读一读，想一想

哈佛的教授告诫学生们："只要不把失败变成一种习惯，那么失败并不是什么坏事。"这句听起来平凡而质朴，可是却蕴含着丰富的哲理。只要我们看看古今中外那些成功者便能够发现，他们总是在经历过无数次的失败，不断进行总结之后，才最终获得了成功。

虽然失败让人感到痛苦，但是它也会给你带来收获。正因为有失败的存在，我们才能够及时发现自己的不足和缺陷，从而不断改正，不断进步，最终与成功相拥。这就像大富豪洛克菲勒所说的那样："失败是取得成功的开始。可以说，我能有今天的成就，是踩着失败的螺旋阶梯升上来的，是在失败中崛起的。"

洛克菲勒和他的生意伙伴在创业之初，就遇到了一次巨大的失败。当时他们一起经营大豆生意，并且与黄豆供应商签订了一份合同，准备买回一大批黄豆，准备赚上一笔大钱。

可是让他们措手不及的是，黄豆刚到他们手里没多久，就因为霜冻而损毁了一大半，而且还有一些不讲信用的供货商在黄豆里掺杂了沙土和豆秸等。那次生意就那样失败了。

不过，洛克菲勒并没有因为这次失败而感到灰心绝望，也没有被失败打倒始终沉溺在痛苦之中。他再次向自己的父亲借钱，然后吸取了那一次失败的经验，最终在引进外地农产品的过程中收益颇丰。

洛克菲勒并没有受到"黄豆事件"的影响，而是通过不怕失败的精神，获得了事业上的成功。之后，他的事业也越做越大，偶尔也会经历失败，不过这些失败都不会影响他不断进步，不断壮大自己。

在一次记者会上，洛克菲勒十分认真地说道："对于一个要去创业的青少年来说，他们往往缺少运营的资本。在这样的情况下，如果他们再恐惧失败，那么就会像蜗牛般缓慢行进，甚至止步于成功之路，而永无出人头地之时。"

其实，失败并不是一件可怕的事情，真正可怕的是失败过后便一蹶不振，一直沉溺在失败的阴影中无法自拔。你应该明白，一个人跌倒了可以再爬起来继续走下去，就算你失败，也并不代表你比别人差，更不意味着你的人生已经无可救药了。只要你懂得从失败中吸取经验，这一次的失败一定会变成下一次成功的温床。尤其对于青少年朋友来说，有梦想，有勇气，也有精力去努力拼搏，所以更不能害怕失败，而要正视它、接受它、战胜它！

◎哈佛成功指南

如果一个人一遇到失败就想用借口来掩饰，那么他在做事的时候就不可能一心一意。而做事不专心的后果，就必定是失败。美国西点军校的传统是，新兵失败时，如果长官问其原因，他只能回答"没有借口"。只有这样，日后他才可能实在做事、踏实前进。所以，我们要敢于面对自己的错误，承认自己的过失。无论成功还是失败其实都是相对而言的，而且从来就没有永远的成功和长久的失败。在那些理智认识自我、勇于完善自我的人们眼中，眼前的失败虽然不可避免，但是只要心存自信、努力奋斗，就会迎来下一次的成功；而对于那些不敢正视自己、不致力于完善自己的人来说，一次失败就意味着永远失败，就连过去曾经有过的成功也会黯然失色。

◎哈佛心理研究院

你在失败后的抗挫折能力如何？

1. 在过年的一年中，你遭受挫折的次数为？

　　A．0～2次

　　B．3～4次

　　C．5次以上

2. 你每次遇到挫折的时候，你都会？

　　A．大部分都能自己解决

　　B．有一部分能解决

　　C．大部分解决不了

3. 你对自己才华和能力的自信程度如何？

　　A．十分自信

　　B．比较自信

　　C．不太自信

4. 你对问题经常采用的方法是？

　　A．知难而进

　　B．找人帮助

C．放弃目标

5．有非常令人担心的事时，你会？

A．无法学习

B．学习照样不误

C．介于A和B之间

6．碰到讨厌的同学时，你会？

A．无法应付

B．应付自如

C．介于A和B之间

7．面临失败时，你会？

A．破罐破摔

B．使失败转化为成功

C．介于A和B之间

8．学习进展不快时，你会？

A．焦躁万分

B．冷静地想办法

C．介于A和B之间

9．碰到难题时，你会？

A．失去自信

B．为解决问题而动脑筋

C．介于A和B之间

10．学习中感到疲劳时，你会？

A．总是想着疲劳，脑子不好使了

B．休息一段时间，就忘了疲劳

C．介于A和B之间

11．学习条件恶劣时，你会？

A．无法学习

B．能克服困难努力学习

C．介于A和B之间

12. 产生自卑感时，你会？

A．不想再学习

B．立即振奋精神去学习

C．介于A和B之间

13. 老师给了你很难完成的任务时，你会？

A．顶回去了事

B．千方百计地干好

C．介于A和B之间

14. 困难落到自己头上时，你会？

A．厌恶之极

B．认为是个锻炼

C．介于A和B之间

计分方式

1 ~ 4题，选择A、B、C分别得2、1、0分；5 ~ 14题，选择A、B、C分别得0、2、1分。

结果分析

19分以上：说明你的抗挫折能力很强。

9 ~ 18分：说明你虽有一定的抗挫折能力，但对某些挫折的抵抗力薄弱。

8分以下：说明你的抗挫折能力很弱。

批评不会带来失败，赞美无法带来成功

> 一个人的心灵隐藏在他的作品中，批评却把它拉到亮处。
>
> ——伊本·加比洛尔

◎读一读，想一想

我想每位青少年都曾经受到过批评，无论是父母老师，还是朋友长辈，他们总是会对一些"不当"行为提出意见和建议。遭受批评并不算是一种愉快的经历，批评可能会让你感到委屈、急躁，甚至愤怒。但一个人之所以会有这样的情绪产生，其实是由于不能正确对待批评所造成的。如果每个人对批评都能有正确的态度，能换一个角度去看待批评，也许批评就会成为每个人人生道路上的"醒世恒言"。

当受到批评时，人的潜意识里都会立刻产生一种反抗情绪。有的人会立刻跳脚说"绝对不是那样"，有的人又会委屈地掉眼泪说"我受了冤枉"，有的人还会愤怒地反驳"你才那样"。总之，一听到批评，大部分人的心就会马上被搅起波澜，进而情绪也就变得激动起来。但是谁又能不做错事？谁又能没有缺点？有人帮忙指出错误与缺点，但受批评者甚至连话都不让人家说完，就用恶劣的态度去对待他人，更有甚者，凭借自己的位高权重，对批评者施加压力。这样一来，的确，周围再也没有批评声了，可这样真的好吗？来看看美国前总统亚伯拉罕·林肯的做法吧！

爱德华·史丹顿是林肯在任期间的军务部长。有一次，他生气地骂林肯是"一个笨蛋"，因为林肯干涉了他的"业务"。原来，林肯当时为了取悦一个很自私的政客，便签发了一项命令，调动了军队。但史丹顿却拒绝执行林肯的命令，并大骂林肯，说他签发这样的命令简直就是笨蛋行为。林肯辗转从他人口中听到史丹顿说的话之后，却并没有发火，而是非常平静地说假如史丹顿说我是个笨蛋，那我一定就是了。因为他几乎很少出错，所以我想我得亲自去问问到底是怎么回事。结果，林肯果然去见了史丹顿，了解具体情况之后，他才知道是自己签发了错误的命令。于是，林肯当即收回了命令，并诚恳地向史丹顿表示了歉意。

林肯是"一国之君"，但面对批评，他没有暴跳如雷，没有下令解除史丹顿的职务，而是平静地思考，认真地去聆听。林肯能诚恳地对待他人的批评，因此也避免了很多错误。

哈佛大学中有这样一句名言："不能耐心地听取批评，你就无法接受新事物。"在很多人眼中，批评就是刺猬，看着难看，碰上了也扎手。但刺猬性格温驯，举止憨厚可爱，有些人还将其当成宠物。其实，批评也是如此，虽然乍一听上去批评很难听，可换个角度来看的话，批评却会对每个人有无穷的帮助。所以，向批评鞠个躬、道声谢吧，因为批评是老师，它会让人少走许多弯路。

人们之所以会害怕批评，多半是因为批评中往往会涉及一些人们不愿意面对，或者不敢面对的事实。但如果没有批评，人就会活在自己给自己编织的梦幻的套子里，自我感觉良好。但实际上，这套子却漏洞百出，在外人看来和小丑无异。每个人都是社会人，都不可能脱离社会。那么，是愿意做敢于接受批评、不断完善自己的人呢？还是甘愿做"小丑"，供人取笑呢？肯定所有人都愿意做前者。翻开历史，其实很多名人都"历尽"了批评。比如法国思想家卢梭，有人批评他说："只有一点像哲学家，正如猴子有一点像人类。"

所以，你应该感谢批评你的人，无论对方是恶意的还是善意的，无论批评使你恼羞成怒还是幡然省悟，无论批评让你无地自容还是良心发现。感谢批评你的人，恶意的批评更令你刻骨铭心，痛不欲生；如果你懂得调整心态，你会发现批评无所谓恶意还是善意，因为竞争无时无刻无处不在，不能内省激发向上的力量，才是人生最大的悲哀。

◎哈佛成功指南

生活中，很多批评都不是"空穴来风"，平静地听一听批评，也许就能发现自身的各种问题；假如一听到批评就坐不住，头脑就发热，那么这个人也许会错过许多学习与成长的机会。而且，如果有人连半点批评都受不了，那么无论走到哪里，他也不会受到重用，他的才能也可能会被这种"倔脾气"所掩盖。所以，面对批评的声音时，最好先做个深呼吸，告诉自己"平静下来，耐心地听一听别人的话"，有可能的话，还要多问一问，了解他人为什么要这样批评自己，这个批评是正确的还是子虚乌有的。在平静的心情之下，人才有可能仔细分析批评的内容，并反思自己的行为。

◎哈佛心理研究院

你如何面对失败？

现在你已经顺利地答完第三题，如果就此打住，你可以得到1000元，可你选择了继续挑战，结果失败了，你只得到一支圆珠笔。此时你作何感想？

A．后悔，答完第三问时停止就好了

B. 不管怎样已经答到第四问了，挺高兴的

C. 这个节目游戏规则定得不合理

D. 凭自己的能力应该更好些，下次有机会再试试

结果分析

选择A：拘泥于过去的成绩，对眼下的失败不是考虑通过今后的努力来改变，而是转向对自己决策的责怪，态度消极，属保守型的人。

选择B：不会无谓地逞强，是个能按自己主意办事的务实派，竞争意识不强烈，但知足常乐。

选择C：不服输，竞争意识强烈，但在竞争中往往以自我为中心，一旦遇到挫折常常把责任推向客观因素，少有自省。

选择D：坦然面对失败，将失败的苦涩转至期待下一次的成功上，竞争意识强烈，斗志旺盛，富于实干精神，认准一个目标能百折不挠地干下去。

失败之后的反省、总结、规划三部曲

> 对于不屈不挠的人来说，没有失败这回事。
>
> ——奥托·爱德华·利奥波德·冯·俾斯麦

◎读一读，想一想

哈佛告诉学生："在失败中吸取教训，通过积极反省来扭转乾坤。"这句话的关键词就是"扭转"。真正的反省是通过行动来表达的，是要靠行动来实现的。别被过去的错误束缚住，也不要将过去的错误丢在一边，时时用其提醒自己，不断完善自己，才能不断进步。

原本以为自己一切做得都很好，但忽然有个人在一旁大加指责，说着尖刻的话语，点出一个人可能最不愿意听的事实。来自他人的批评指责，可能是很多人都难以接受的。在他人的指责之下，能够立刻认真反省并思考的人，才是真正想要进步并最终取得进步的人。他人的指责是一种推动力，会促使每个人不断完善自我。别将这种指责看成是"别人与我过不去"，只有反省的态度才会使自己受到他人的尊重与喜爱。

指责之下，立刻诚心反省，这其实也是一种与人交往的技巧。这样指责者不会觉得自己的指责无效，而被指责者也能发现自己的错误。如此一来，两人的语气都能缓和下来，不会引发不必要的争吵。不过，这里有一点值得注意，反省就是要承认自己的错误，不能赌气。有时，有些人受到他人指责之后，赌气说："我错了，行了吧！"这绝对不是反省，这只可能激怒自己，并激怒对方，如此下去一场争吵不可避免。

哈佛有句名言："人生不怕犯错误，怕的就是错得没价值。"什么叫"没价值的错误"？就是指那些自己已经知道，却不积极改正的错误。历史上成功的人，都会将自己的错误看成是有价值的错误，他们正是通过不断地改正这些错误，才最终有所成就。

英国著名小说家狄更斯就对自己有一个规定：每当文章写好后，那些没有经过认真检查、纠错的内容，是绝对不会轻易读给公众听的。所以，狄更斯会将已经写好的内容自己读上一遍，发现问题后就立刻改正。而且每天都要重复一次这种行为，就这样直到6个月之后，他才会将自认为已经再也没有问题的内容读给公众听。

法国小说家巴尔扎克与狄更斯的做法类似，他每次写完小说后，都会花很长一段时间进行修改，直到最后定稿。而这个时间，有时候需要花费几个月，有时候则需要花费几年。可以说，正是这种不断自我反省、修正的态度，才让这两位作家都取得了举世瞩目的非凡成就。

有人可能不理解狄更斯与巴尔扎克的做法，认为他们对自己过于严苛了，但巴尔扎克的回应却是只有懂得在成功时反思自己的人，才能获得真正的成功。事实正是如此，失败能让一个人看到自己更多的薄弱面。不过，失败虽然是资产，却绝对不能像投资那样去"放长线钓大鱼"。越早发现漏洞，越容易弥补；越早看到错误，错误才会越容易纠正。

那么，如何让失败变成成功的垫脚石呢？

相信没有永远的失败

哈佛人认为：世上没有永远的失败，只有暂时的不成功。任何困难都是有办法解决的，只是暂时没有找到解决的方法而已。在不相信失败的人眼里，一切阻碍成功的困难都只是纸老虎，相信自己总有一天会把纸老虎赶走，赢得属于自己的一片森林。

注重研究过程

有的人过于看重结果，一旦失败之后往往纠结于失败这个结果，而忽视了研究导致失败的过程。每一个结果都是由过程决定的，研究过程也就是总结原因，只有仔细分析过程，才可能找到失败的根源，并且总结避免再次失败的方法。

人之一世，殊为不易。在看似平坦的人生旅途中充满了种种荆棘，往往使人痛不欲生。痛苦之于人，犹如狂风之于陋屋，巨浪之于孤舟。百世沧桑，不知有多少心胸狭隘之人因受挫折放大痛苦而一蹶不振；人世千年，更不知有多少意志薄弱之人因受挫放大痛苦而志气消沉；万古旷世，又不知有多少内心懦弱的人因受挫放大痛苦而葬身于万劫不复的深渊……面对挫折，我们不应放大痛苦，而应直面人生，缩小痛苦，直至成功的那一天。

哈佛商业评论中提到：要接受失败，接受悲伤，然后化悲伤为力量，将失败踩在脚底下，一步步迈向成功。在失败面前，积极努力地研究并寻找失败的原因，并总结出下一次进攻的方案，那么你就是在进步。这样的话，你就没有失败可言，一切的失败都只是成功的垫脚石。

◎哈佛成功指南

失败是上天最好的恩赐，它可以让弱者变得更加软弱，也可以让强者变得更加坚强。在情商高的人看来，失败只是暂时的，就像短暂的暴风雨一样。也就是说，失败只是成功的前奏，也是下一次成功的起点。抱着这样的信念走完全程，你总能够看到美丽的海天一色，你总会踏上成功的康庄大道。在哈佛学子的字典中，也没有"失败"两个字。他们认为，只要自己勇敢地追求自己的理想，并且不害怕失败，那么成功只是早晚的问题。因此人生原本就是一个不断尝试、不断修整的过程，在追求成功的道路上，你要有十分坚忍的毅力去经历各种各样的曲折，要明白自己并没有真正失败，只是暂时还没有成功。

◎哈佛心理研究院

你是一个懂得自我反省的人吗？

当你在朋友面前，做了一件失败的事时，你有什么感觉？请选出与你想法相近者。

A. 恨不得一死

B. 依大家反映的情况道歉

C. 马上离开现场

D. 觉得无所谓

结果分析

选择A：自尊心很强，是个任性的人，过失被发现时，就想否定自己的一切。这种人具有强烈的自省力，但这种能力会影响自己的性格，使自己变得内向而神经质。

选择B：认为人非圣贤，孰能无过，无论失败或成功不足以改变人生的方向，是个大胆而性格专一的人。

选择C：这种人感情脆弱，想到对方不知会怎样批评自己的错误，就觉得似乎世界末日降临，只想逃避。是个消极、懦弱的人。

选择D：个性倔强，对朋友很重感情。会反省自我、约束自我的人，在责任感和热情的驱使下，常会做出一些轻举妄动的事。

就算高考失利，人生也照样可以很美好

生命是美好的，一切物质是美好的，智慧是美好的，爱是美好的！

——罗歇·马丁·杜伽尔

◎读一读，想一想

高考，在我国已走过30多年风雨，这个人才选拔的机制，有利有弊。有人说高考是"鲤鱼跃龙门"，也有人说高考是"千军万马过独木桥"。而随着社会发展，经济、教育、文化的领域变迁，高考已经不再是往日的"龙门"，也不再是通过成功之路的"独木桥"。

当然，一些传统观念的思想还是存在。高考落幕之后，往往几家欢喜几家愁。高考顺利，自然万事大吉，高考结束后的长假便每天都充满阳光，学子们可以在阳光中感受生活的美好。而对于有的考生来说，可能一分之差便与渴望的大学失之交臂。"高考失利，出路在哪里？""考不上心仪的大学，该何去何从？""错过了这次机会，未来又在哪里？"这些消极的情绪，这些烦恼与迷茫充斥着高考结束之后的整个暑假。甚至于，有的高考落榜生，往往以分数"否定自我",否定自己未来的前途,以及自己以后的人生。

担任哈佛大学校长20年之久的美国著名教育家科南特曾经说过,哈佛学子的成功,正是哈佛素质教育的结晶,而不是应试教育。只要你愿意坚持不懈地追求真理,那么一样可以打造卓越人生。

其实,一次的高考失利,并不意味着你就是个失败者。考试成绩不好,只能证明你能力的一部分不足而已,而人的成功需要的是综合能力。比如以前的章节提到的沟通能力、发现问题和解决问题的能力、克服困难的能力等,好好培养这些无人替代的才能,你同样可以通往成功。并且,上学成才的机会不仅仅是高考。不放弃,不灰心,那么一定可以活出与众不同的人生。

对于家长和考生们来说,何必这样纠结于一次改变的机会?与其苦苦挣扎在高考失利的痛苦中,还不如放远眼光,寻求高考之后的另外出路,为自己的未来争取更多的机会。

没有如愿取得好成绩的学子们,可以参考下面的建议,为自己开辟另外的成才之路:

复读

如果考生还是想通过高考来走上大学之路,这样的想法也未尝不可。复读是一个普遍的选择。通过复读来提高成绩,第二年高考重新来过,也不失为一个提高自己的方法。第一年高考失利,而第二年顺利考上心仪学校的例子也不在少数。不过,复读是条有风险的路,不仅仅要付出一年的时间,有时候也会给自己带来过大的压力。所以,要慎重选择。

就业

高考失利之后直接就业,可以较早地接触社会,体验人生百态。等到同龄人大学毕业的时候,你已经拥有了三四年的工作经验。虽然学历上比不上高校毕业生,但是工作经验往往比学历更加有说服力。

其他途径读大学

上大学的途径不仅仅是高考，就算高考成绩不理想，学子们也可以通过自学考试、成人教育、民办大学、职业教育等途径实现自己的大学梦。这些学校对于学生的分数要求不是特别高，门槛较低。但是这些学校的专业性比较强，毕业的学生大多都有一技之长。而随着国家经济的飞速发展，市场急需大量专业型人才。企业需要的是有实用技术、实践经验的员工，而这些技能都可以通过以上学校进行培养。

出国留学

高考成绩不高，但是你的人生并没有因此而暗淡，国内的大学上不了，不等于国外大学的大门不向你敞开。前面的章节也提到过，国外的大学更多地注重综合能力，出国留学也是实现自己人生价值的选择之一。

◎哈佛成功指南

有人说，高考是一场战役，总会有成功者和失败者。但无论高考这场战役的结果如何，高考结束之后，都意味着中学时代的结束。那个时候，大多数学生18岁，已经到了该退去稚气的时候。此时，人生才刚刚正式起航。从前寒窗苦读的学子，不能将精力和思想只专注于学习。人生之路的大门已经慢慢向你打开，这将带给你更多的人生思考。这个时候，你要向成为一个有社会责任感的成年人转变。所以在高考之后，你必须摆正心态，合理安排生活，树立起新的目标，为自己的大好青春留下一段充实而美好的回忆。天高任鸟飞，海阔凭鱼跃。人生多姿多彩，天地辽阔无边。你会发现，经历高考之后，生活仍旧是这样的美好。

◎哈佛心理研究院

热爱生活的小测试。

第一步：请拿出一张白纸，在纸上画一条线段，起点代表你的生命的开始，终点则是生命的结束。按照平均寿命，生命的终点为70～75岁。

第二步：在线段上找出自己现在的点。可以是线段的1/2，2/3，1/3，1/5……

第三步：给你一分钟时间，想想从你出生到现在，生活中发生的最重要的事情是什么，对你的生活有什么影响。并把它们写出来。

第四步：在线段的中间点上一点，这就是你的终点——人生的结束时刻。

第五步：再用一分钟的时间，想想在今后的"余生"中还有什么梦想，并写出实现梦想的具体时间。

结果分析

参加这个测试的人，在白纸上从自己的一生开始到求学、工作、结婚、生子进行了一生的规划。他们会想到自己曾经设想过的美好未来，以及没有来得及实现的梦想。比如：30岁之前想要一个孩子，两年内想买辆车，40岁想有自己的小楼房，45岁时想陪孩子上大学，60岁退休前想看到儿女结婚生子有一个幸福的家，60岁退休后想要和老伴周游世界好好享受生活……

测试结束之后，测试人会突然发觉时间不够用，发觉其实自己很热爱生活，在生活中还有很多的梦想等着去努力实现，生活其实很美好。

最优秀其实就是尽百分之百努力

走正直诚实的生活道路，必定会有一个问心无愧的归宿。

——高尔基

◎读一读，想一想

在哈佛的校园里经常听到，同学之间说要互相帮忙、一起努力，很难听到为了成为第一名而努力。这里的学生都很优秀，没有必要就谁最优秀的问题一争高下，只要自己做好即可。哈佛的一位学生曾经说过："我觉得最重要的是'尽力做'。进入哈佛学习本身就是在追求最高目标了，在这个过程当中，判断自己是否已经尽全力，比争当一个'第一'的虚名更加重要。"

古人云：谋事在人，成事在天，不可强也！但是不争"第一"，不代表不求上进，而是尽自己所能努力之后，结果不做强求。

那么，如何更好地理解不争"第一"的背后意义，如何做到不争"第一"背后的竭尽全力？以下几个心理暗示，可以帮助青少年朋友们养成积极进取的习惯，培养精益求精的精神。

你永远都不知道，还有多少人比你更努力

你一天上9节课加两节晚自习，可你不知道夜深人静还有多少人挑灯夜战；你可以一天写完两支笔芯，至少3套卷子，可你不知道有多少人做完卷子之后，自己又做课外题；你可以早起10分钟、晚睡10分钟记几个单词和成语，可你不知道还有多少人早起晚睡了半个小时。总有人比你努力，而你永远不知道这些比你努力的人有多少。

坦然面对失败，其实我可以做得更好

其实我们只要多想一步，就会有更多的发现；其实我们多考虑一点，就会收到不一样的效果；其实我们多努力一下，可能就会扭转整个局面；其实，我们可以做得更好。面对失败，重新站起。它和我们身体免疫系统的运作方式相同。当我们身体不适、当我们生病时，我们的身体感应到抗体，我们实际上会免疫得过的病，我们的身体通过失败获得免疫力。在心理层面也相同。成长的途径只有这一条，健康的生活、真实的生活、快乐的生活看起来基本上都像一个带起伏的螺旋，不是一条直线。一时失足而导致失败，不可避免。

不能害怕犯错，失败了还可以再试一次

阶段的成功只是新的开始，不管是成功的道路，还是成长的路程，都还很长、很远。不要躺在成绩簿上睡大觉，抬起头继续走，也许就是一辈子，永不放弃不曾是一句空话。

生活中常常会有这样一些规律：登山的难度不在于脚下开头的几千米，而在于即将登顶的几十米甚至几米；走出死亡沙漠的不一定是跑得最快的人，而是坚信自己能够活着走出去，并朝着一个方向坚定不移地走下去的那个人。所以，人生的道路不可能一帆风顺，挫折与困难在所难免，但关键是当你多次努力后没有成功时，还能否继续坚持，再试一次？其实，再试一次，成功就会和你握手，享受生活的美丽。

◎哈佛成功指南

每个人在面对挫折的时候都会有不同的表现，圣贤们在挫折面前谈笑风生，他们或放歌于蓝天，或垂钓于溪水，或采菊于东篱，或深居于竹林，他们行吟高歌，倚风长啸。心如澄澈秋水，行如不系之舟。古往今来，多少仁人志士在挫折中奋勇向前，由历史的青灯黄卷走进线装书，留在了汗青史册而熠熠生辉。因此，青少年朋友们，不争"第一"，不意味着不用努力；不争"第一"不意味着不需要成长；不争"第一"，要的是你的尽力而为；不争"第一"，靠的是你的全力以赴。在真正做到百分之百努力之后，你会发现，"第一"已经没有那么重要，你已经是最棒的。

◎哈佛心理研究院

你是否够努力？

在课堂上所表现出的一些微不足道的小事，也可能看出你是否够努力。请问，你在课堂上听老师讲课时通常会采取怎样的方式？

1. 认真地看着黑板，将老师讲的全部记下来。

2. 只将老师讲的重点记下来，下课后再回想一下。

3. 有选择性地做笔记，特点标出疑难的地方，下课后再系统地复习。

4. 以"考前猜题"的心态听课，抓住老师反复强调的内容。

结果分析

选择1：你是一个勤奋好学的人，不过在学习方法上还需要改进。

选择2：你的理解能力超强，因为时常抓住重点，所以成绩一直不错。

选择3：你是一个很注重系统学习的人，在学习上有自己的一套方法、方式和习惯。

选择4：你的学习动机不太恰当，总想着投机取巧，而不踏实学习。

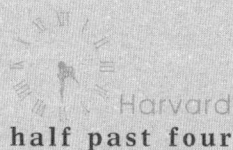

生活就像一面镜子，有的人在镜子里看到自己的优势和长处，有的人却在镜子里看到自己的劣势和短处。那些总是不被自己认可的人，通常只看到自身的不足，而忽略了自身的"特长"。对此，哈佛教授时常告诉学生们："如果你想完善自我，就不要只看到自身的不足，要迎风向前地自我超越，千万不要满足于当下！"

第十章

迎风向前的自我超越：
千万不要满足于当下

怀揣着满满的信心，你才有可能超越自己

> 一个人想要获得成功，必须具备的品质有很多种，其中最重要的就是自信心。
>
> ——奥格·曼狄诺

◎读一读，想一想

自信心是一个人成功的基础，也是青少年成长的内在驱动力。它能够让弱者变强，让畏缩退步变成勇往直前。一个人只要拥有了自信心，就能够在成长的道路上健步如飞，而缺乏自信的人只会步履蹒跚。正如美国作家爱默生所说："自信是成功的第一秘诀，自信是英雄主义的本质。"对于青少年来说，自信心能够激发内心的勇气与雄心，也是青少年迈向成功的第一步。

在成长的道路上，自信是青少年应该拥有的最重要的品质之一。有了自信，才能树立宏大的目标，才能不断获取知识与经验。如果缺少自信，对于失败的恐惧感就会凭空存在，它就像潜伏在黑暗中的恶魔一样，在你信心动摇的时候出来捣乱。

哈佛学子也很清楚这个道理，他们知道如何给自己树立目标，并且利用知识和经验来武装自己，让缺少自信的恐惧感离自己远去。

关于自信心的重要性，哈佛大学的奥格·曼狄诺这样说："一个人想要获得成功，必须具备的品质有很多种，其中最重要的就是自信心。"如何才能做到这一点呢？奥格·曼狄诺给出的建议是：

要有勇气改变自己的命运

每个人的出生无法由自己决定，可是每个人的命运都紧握在自己手中，想要获得成功，就要有勇气去改变自己的命运。

要懂得如何发掘自身的财富

有一句话说得很好："一个人因为少了一双鞋子而闷闷不乐，那是因为他没有看见那些少了两条腿的人。"所以，发现你自己的财富，就能拥有更大的信心。

从自身的优势出发，去追求自己的目标

世界不会一直停留在严寒的冬季，一个人也不会永远生活在失败的阴影下。只要你懂得从自己的优势出发，并且努力追求自己的目标，那么自信与成功将结伴来到你身边。

◎哈佛成功指南

现代成功学鼻祖、励志书籍的开创者拿破仑·希尔曾经说过："拥有自信心的人，可以将一座山移开；相信自己能够成功的时候，你就离成功不远了。"这句话说的是一个人想要获得成功所必须具备的品质——自信心。对于青少年来说，通往成功、战胜困难的最大动力，就是自信心。自信心，就像是成长的助燃剂一样，如果自信多一分，那么成功就会多十分。

◎哈佛心理研究院

你拥有多强的自信心？

心理测试：某公司招聘员工，有4个人前来应聘。如果你是老板的话，你认为对面哪个人最有前途？

1. 身材微胖的男性。

2. 身材高大的男性。

3. 身材矮小的男性。

4. 中等身材的男性。

结果分析

选择1：你是一个比较乐观的人，虽然有一定的自卑倾向，可是随时都有开朗的想法。

选择2：你可能对于自己的体态并不满意，总是想方设法地改变自己。在做一件事情之前，你可能会担心自己不会成功。

选择3：可能你是一个比较自卑的人，可是这种自卑反而会成为你成功的动力。当你身处逆境时，总能找到方法让自己强大起来。

选择4：你可能并没有什么自信，同时也没有感到自卑。因为你更多看重自身的实力，而不是外在形象。

所谓天才，不过是一些善用自身天赋的人罢了

> 宝贝放错了地方便是废物。人生的诀窍就是找准人生定位，定位准确能发挥你的特长。经营自己的长处能给你的人生增值，而经营自己的短处会使你的人生贬值。
>
> ——本杰明·富兰克林

◎读一读，想一想

每个人都拥有自己的优势以及劣势，而且一个人的优势与劣势并不是恒定的。如果你一直将自己放在劣势上，不断给自己增加压力，那么自己身上的优势也会变成劣势的；如果你不断进取，敢于正视自己的劣势，最终能够将劣势转化成自己的优势，从而获得人生的成功。

事实上，不管什么事情，如果只看重外在的因素，而不从自身出发，那么古今中外就不会有那么多克服自身劣势的故事了。对于成长中的孩子来说，最重要的事情就是如何发挥自己的优势，避开自己的劣势，或者将劣势变成自己优势。具体应该怎样做？或许哈佛教授的这句话能够给你一定的启发："如果一个人失去痛苦，那么就只留下卑微的幸福。我们要做的就是要利用自己的优势，去弥补自己的劣势，即使你处于劣势之中，也要努力奋斗，努力拼搏，将劣势转化成优势，从而创造出一片崭新的天地，让生命之茧化蛹成蝶！"

你知道吗？哈佛大学曾经走出过30位普利策奖得主，对于这个新闻界的国家级奖项，你又了解多少呢？其实，普利策是一个人的名字，他的故事也能说明经营长处的重要性。

普利策在21岁的时候，才开始进入新闻行业工作，那时候由他创办的《快邮报》已经是美国报业界利润最高的报纸之一了。

只是很少有人知道，在21岁之前，普利策仅仅是一个退伍兵，每天都干着粗重的体力活，勉强能够养活自己。甚至有一次，普利策去应聘推销员的工作，却和几位朋友一起被骗到了一座孤岛之上，险些丧命。

中介所骗走了他们的钱，然后便消失得无影无踪了。普利策十分气愤，脱险后便撰写了一篇文章，专门揭露那些欺骗应聘者的中介机构。普利策没有想到，自己的文章竟然被《西方邮报》刊载了。普利策也因此发现了自己的长处，他觉得自己十分适合从事新闻类工作。

不久之后，普利策去一家报社工作，从一名文件管理员到一名记者，他开始经营自己的长处，并且在新闻事业上平步青云，最后终于成了世界新闻界的泰斗人物。

富兰克林告诉我们："宝贝放错了地方，就会变成废物！"那些成功人士之所以能够取得别人无法企及的成就，就是因为他们找到了属于自己的自信"音符"，懂得发现并经营自己的长处，能够让自己的长处得到发挥。

青少年的成长过程就像一首动听的乐曲，如果你没有找到属于自己的"音符"，没有坚定的自信心，而只看到自己的短处而忽略了自己的长处，或者用短处来经营自己的人生，那么最后只会陷在失败的旋涡中无法自拔。

◎哈佛成功指南

"条条道路通罗马",世界上的领域众多,对人的要求各不相同,总会有一片天地适合自己飞翔。而一生中无论你怎样东奔西走,最终用来达到成功顶峰的还是自己的天赋。在努力学习和进步的同时,要发掘利用自己的天赋和长处,找准自己最正确的定位。如果能经营自己的长处,生命会因此增值;反之,人生将会贬值。只要善于经营自己的长处,并且奋力拼搏,一定会取得成功,创造出辉煌。

◎哈佛心理研究院

你具有怎样的天赋?

从哈佛退学的比尔·盖茨就善于发挥自己的商业天赋,使得自己蝉联世界首富12年。天赋就是天分,具有独一性及特殊性。真正聪明的人是那些了解并懂得发挥自己的天赋,取长补短的人。来测试一下吧!

你赶去乘电梯,却来迟一步,没赶上。请回想一下,等候电梯时,你最常表现出的行为是:

A. 禁不住反复数次摁按钮

B. 有时会在地上跺脚

C. 抬头看天花板

D. 注视地面

E. 盯着显示楼层的指示灯,一旦到达目的楼层,门一开便立即冲进去。

结果分析

选择A:你注重选择,有时沉迷其中浑然忘我。有人缘,具有公关方面的天赋。

选择B：感情敏锐，能凭直觉洞察他人，具有艺术天赋。

选择C：你心地善良，具有数学才能，在理工科方面有天赋。

选择D：分两种类型，一是你做人有些消极，不喜欢对人袒露心迹；另一种与此相反，坦率、人际关系好。

选择E：小心谨慎，不做冒险的事情。如果未来做领导工作，能深得部下爱戴，有些过于理性。

做任何事情都要竭尽全力，单单尽力而为可不行

我年轻时留意到，我每做十件事有九件不胜利，于是我就十倍地努力干下去。

——萧伯纳

◎读一读，想一想

对于青少年来说，勤奋学习是获取知识的唯一途径。可是，怎样才算真正的勤奋，每个人却有不同的理解。记得在一次讲座会上，一位年轻人十分无奈地对我说："对于学习，我真的已经尽力了，可是不断怎样勤奋，最后都无法达到预期的效果。"

当时，我并没有针对这位年轻人所提出的问题进行详细的分析，而是引用了哈佛校园里广泛流传的一则小故事，希望能够给他启迪。

那是一则寓言故事，说的是一位猎人带着他的狗去森林里打猎。

在日落时分，猎人发现了一只野兔，并向它开了一枪。野兔的后腿受伤了，猎人赶紧命令狗去追。然而过了好长时间，狗并没有完成自己的任务将野兔追回来。

猎人生气地问道："野兔哪里去了？"

狗趴在地上"呜呜"地叫着，猎人明白它的话，意思是说："我已经尽力而为了，可是最终没有追上野兔。"

那只野兔死里逃生，回到自己的洞穴后，家人急切地问道："你受了伤，后面的狗又尽心尽力地追赶，你是如何逃脱的呢？"

野兔回答说："狗的确是尽心尽力了，可是我却是竭尽全力地逃命！"

这则小故事的寓意很简单，就是不管我们学什么、做什么，只要我们竭尽全力，让自己的潜能得到开发，那么就没有什么学不会、做不好的。

再看看上面那位年轻人，也许他真的付出过勤奋与努力，可是却远远没有充分地开发自己的潜能，或者在学习上只是一曝十寒。

要知道，我们的大脑原本就是一座潜能的宝库。从科学理论上来说，人脑的信息储存量高达5亿本图书，这个数量远远超过哈佛图书馆的藏书量。可是，就目前而言，人类的大脑只开发了5%。换句话说，任何一个人只要能让自己的大脑潜能合理地开发，那么他的能力一定不会逊色于爱因斯坦。

还有人生动形象地作出比喻："一个人的大脑在正常运转时所消耗的能量，可以让一个40瓦的灯泡持续散发出耀眼的光芒！"

因此，一个人付出了努力却未达到预期的效果，要么是方法不对，要么就是没有竭尽全力。

2004年，年轻的卡特从哈佛商学院毕业。没过多久，幸运的卡特便被一家大公司录用了。

上班的第一天，老板让卡特说几件自己觉得十分出色的事情。

于是，卡特扬扬得意地说起了自己在哈佛的学习成绩："在全校好几百名学生中，我的成绩排在第14位！"

卡特本以为老板听了会大大地夸奖他一番，可是老板却反问道："为什么不是第1名呢？你竭尽全力去学习了吗？"

这句话让卡特无言以对，在之后很长的一段时间里，他开始反思自己，并且将老板的话牢记于心。

就这样，卡特不断地告诫与鼓励自己，在工作上从来不会自满，也没有丝毫的松懈，而是竭尽全力去做好每一件事情。

最后正如你想象的那样，卡特成功了！他用3年的时间成为了公司里的高层管理者，并且出版了自己的自传，鼓励人们竭尽全力去追求、去学习。

卡特的成功并不是一种偶然，而是懂得释放自己的潜能，懂得竭尽全力去奋斗。我想对青少年朋友说的是：你所付出的勤奋与努力，与你所得到的回报将成正比！当你感到学习有一定压力的时候，也许并没有竭尽全力。

"尽力而为"与"竭尽全力"是存在差别的，前者发挥了自己的能力，后者却让自己的潜能得到了充分的开发。青少年正处于大脑活跃期，如果没有让脑细胞活跃起来，就会陷入一种低沉的抑制状态，时间久了，自然会造成不可逆转的现象。

那么，青少年朋友应该如何激发自己的大脑潜能，让学习达到最佳的效果呢？

哈佛学子们的心得体会就是：

1. 不要忽略任何一门理论性知识。
2. 善于思考，尽量用自己所掌握的知识去解释。
3. 将理论知识与现实生活相结合，并且找出它们的共通性。
4. 一边学习，一边思考，从现实生活中总结出经验。
5. 多与同学、老师交流，从他们那里获得更多的知识。

◎哈佛成功指南

有一个成语叫"户枢不蠹"，意思是说，如果我们的门轴不经常转动，就会被虫蛀蚀。反过来说，就是经常转动的东西不容易被腐坏，比如我们的大脑就是如此，勤于动脑，才能更加聪明。青少年的大脑就像一个潜能的宝库，学习潜能也是无限大的。如果你的大脑不经常使用，相应的脑神经分枝就会出现萎缩死亡的状况。这也就是人们经常爱说的"脑子越用越聪明"。不管做什么事情，"尽力而为"是远远不够的，这样只能说明你比一般人付出得更多，却无法让自己超越平庸的界限。也只有"竭尽全力"，让自己的潜能得到充分的利用，你才能取得更突出的成功！

◎哈佛心理研究院

你是行动上的巨人成行动上的矮子吗？

心理测试：下面的题目请根据自身的情况回答，"是"为1分，"不是"为0分。

1. 你的心里总是有许多奇特的想法。

2. 你是一个性子比较慢的人。

3. 你认为自己有可能劈腿吗。

4. 老师布置的作业是否能够按时完成。

5. 计划好的事情，不管发生什么状况都要想办法完成。

6. 你认为健康比财富更重要一些。

8. 对于工作或者学业，你比较习惯细水长流。

9. 即便没什么大事，你也不会放任自己睡到太晚。

10. 你通常比较有节制，不管是口腹之欲或者其他嗜好。

结果分析

0~3分：你是一个纯粹的幻想派，总能找到各种理由让自己无法开始新的计划，也许你每天都是忙忙碌碌的，可是却不能有效地利用好时间，也不能与梦想更接近一点。

3~6分：你属于懈怠派，虽然你拥有过人的天赋与智慧，可平时总是耽于玩乐，将自己计划好的事情抛到九霄云外，任何事情都一拖再拖，直到火烧眉毛才有所行动。

6~9分：你属于一个高效率的行动者，不过在做事情之前，总会考虑顾忌太多，当然在你看来这些都是必要的，是确保行动万无一失的基础性规划。

10分：你是真正意义上的行动派，你做得永远比想得快，头脑中的方案尚未成形，你已经着手将其付诸行动。这样的你总是在别人之前就获取了成功。

做最简单的事：不断超越上一次的表现

一个骄傲的人，结果总是在骄傲里毁灭了自己。

——莎士比亚

◎读一读，想一想

泰戈尔说："在人生的道路上，所有的人都不是站在同一个场所——有的在山前，有的在海边，有的在平原，可是没有一个人能够站着不动，所有人都必须往前走。"那么，到底是什么力量在推动我们不断前进呢？哈佛大学给你的答案是：永不满足！

哈佛学子都是优秀的精英，无论把他们放在什么地方，都是出类拔萃的人才。不过，哈佛学子从来不自满，也不觉得自己已经足够优秀了。他们不安于现状，总是积极进取。正是因为这样，他们才没有被社会所淘汰，也没有被世人所遗忘。

你应该认识伟大的画家毕加索吧？他就是一个永远不满足的人。在毕加索90岁高龄的时候，他创作的画依然追求新鲜与独特的艺术感，就好像画中的景物是他第一次看见一样。

　　一般的画家在创造了一种属于自己的风格之后，就不会再追求改变，如果他们的作品得到世人的认可与称赞，他们就不愿意做出改变了。然而毕加索却不同，他的画作总是给人带来新鲜感，甚至他的一生都没有一个固定的绘画风格。毕加索的画作，不能只用眼睛去欣赏，而要懂得用思想去欣赏，那些色彩丰富柔和，轮廓鲜明的对比，都是他不安现状、永不满足的精神体现。如果一个人在获得一定的成就后就满足于现状、那么又如何再攀事业的巅峰呢？毕加索能够不断追求创新，以永不满足的"车轮"不断前进，我想你也一定能够做到！

　　早在几个世纪以前，英国科学家戴维和法拉第就发明了一种叫电弧灯的电灯，这种电灯用炭棒做灯丝，它虽然能够发出亮光，不过光线很刺眼，耗电量也很大，寿命也不长，并不适合于普通老百姓。后来，爱迪生决定重新发明一种电灯，从而让千家万户都能用上。

　　为了寻找到一种最好的材料作为灯丝，爱迪生已经试验过1600多种材料，这时候外界的各种嘲笑和讥讽声不断传来，爱迪生却没有在意这些，因为他一心只想让电灯走进千家万户。有一次，爱迪生的老朋友麦肯基来看望他，看着老朋友身上穿的棉衣，他突然有了灵感："棉线，为什么不尝试一下棉线呢！"于是，爱迪生把棉线装进了灯泡里，1个小时，2个小时，3个小时……这盏电灯足足亮了45个小时，然后灯丝才被烧断。这也是人类第一盏有实用价值的灯泡。这一天也被人们定为电灯的发明日。面对这样的成功，爱迪生却没有感到满足，因为他希望做得更好，也更加实用。

　　"45个小时，还是太短了，必须让它的寿命延长到几百个小时，甚至几千个小时……"爱迪生又给自己提出了更高的目标。直到现在，人们对灯泡又进行了全新的改进，也就是用钨丝做灯丝，并且在灯泡内充入惰性气体氮或氩，这样灯泡的寿命又延长了许多。

无论是在毕加索还是爱迪生身上，都有一种永远不满足的精神。这也是你应该学习和借鉴的地方，当你拥有了一颗永远不满足的心之后，离成功也就不再遥远了。

青少年就像美丽的朝阳，每一天都要有新的进步。因为在人们的道路上，我们并不是独自一人、悠闲信步，而是在无数人的洪流中拼命地赶路！

也许当你停下来休憩的时候，你的竞争对手还在身后追赶，可是当你再一次回望时，他已经将你抛在身后了。所以，我们不能让自己停下来，而要不断地超越，不断向前。

那些与成功无缘的人，并不是没有获取成功的能力，而是不懂得发现自己，立即运行。其实，每天都超越自己一点点并不是什么难事，你只需要做到以下几点：

首先，你必须主动去追求，改掉懒散的坏习惯，让自己的潜意识里充满积极想法，无论何时何地，都要不断地超越自我。

其次，要实现精神上的超越，而不是仅仅只表现在行动上。

最后，让每一天的自己都是全新的，不要被昨天的成就与失意所困扰。

◎哈佛成功指南

一个人要拥有挑战自我的永不满足的精神，就要随时对自己所具备的知识和能力进行调整，清空过时的、不切实际的知识，为新的知识、新的能力提供一个存储空间，让自己永远保持活力、永远保持进步。如果你是一个攀登者，那么心中的目标肯定不是自己脚下的山峰，而是"下一座山峰"，不断挑战自我，不断超越自我，在鲜花与掌声面前看到差距，在困难和挫折面前不失信心，这才是一个人成熟起来的标志。人无完人，也就是说一个人永远不可能做到绝对的完美与优秀，每个人都有自己的缺点，以及相对较弱的地方。也许你在某个科目上成绩突出，或许你已经具备了比较丰富的知识，可是到了全新的环境，你会面对新的挑战与新的对手，这时候你的优势就不一定突出了。所以，永远以一颗不满足的心，去重新整理自己的智慧，去吸收现在的、正确的、优秀的东西，才是你真正应该去做的事情。当你怀着一颗永不满足的心时，你就永远走在进步的路上！

◎哈佛心理研究院

你的自律能力如何？

下面有8道题，来考考你的自律能力。

1. 如果你因为玩乐而耽误了工作，会感到后悔吗？
2. 你不存在多次下定决心做某事，最终却因为主观原因而放弃的现象吧？
3. 你总是能专注地做某一件事而不会被外界所打扰吧？
4. 你今天是否做了时间分配计划？
5. 遇到棘手的事情，你会认为这是挑战吗？
6. 要用到的东西，你是否能立马找出来？
7. 你需要一些资料，但自己弄不到，会找他人帮忙吗？
8. 如果他人让你做自己不愿意做的事情，你会拒绝吗？

评分标准

回答"是"则得"1"分，回答"否"得"0"分。

结果分析

7~8分：自律能力强。

4~6分：自律能力一般。

低于4分：自律能力差。

抓住身边的每一次机遇，其实并不难

> 有力地、迅速地亮相会给你的事业有力的促进，这是表现自己具有领导能力的最关键的一步。
>
> ——威廉·埃利斯

◎读一读，想一想

你知道成功最重要的因素是什么吗？不失时机地抓住每一次机遇，不断地充实自己、提高自己，正如培根所说："聪明人所制造的机会永远比得到的多。"

现代社会，"机遇"一词出现的频率越来越高了。为什么机遇会受到如此广泛的关注，甚至大家都想抓住机遇呢？这是因为大家都向往成功。机遇得用智慧和脚踏实地来捕捉，机遇是充满魔力的，它不容易被发现，更别提如何抓住它了。所以，想要成功抓住机遇，就得靠智慧，就得下功夫。

哈佛大学教授罗杰·波特曾在课堂上这么说："大家知道斯坦福大学吗？现在，这所学校已经成了世界一流的学府，几乎与我们哈佛齐名了。你们知道它是如何诞生的吗？"接着，教授讲了这么一个故事：

多年之前，哈佛校长就因为一些不确定性因素，做出了一个十分错误的决定。当时有一对老夫妇贸然来到哈佛大学，他们并没有事先预约，却执意要和鼎鼎大名的哈佛校长见面。

校长的秘书见他们穿着寒酸，男的穿了一件布质的廉价西装，女的则穿了一件褪色的棉衣。秘书仅从外表就断定这两个"乡巴佬"不可能会和哈佛有什么业务往来。于是搪塞两人说："我们校长还在开会，他整天都很忙的，可能没有时间来和你们见面了。"

男的很有礼貌地说："没事，我们可以在这里等他。"

就这样过去好几个小时，秘书一直没有搭理两人，希望他们能够识趣地离开。可是，两人却固执地等在那里，表情十分坚定。秘书没办法，只能通知校长说："我猜他们不见到您，是不会离开的。"校长有点不耐烦地同意了。

两人来到校长面前，女的很恭敬地对校长说："我儿子曾经在哈佛读过一年书，他十分喜欢哈佛的校园生活。可是在去年，他却发生车祸离开了这个世界，我想您也认识他吧！现在我和丈夫商量着，希望能够在哈佛的校园里为我的儿子留下一点纪念物。"

校长听后并没有被感动，而是很理智地告诉两人："我们不可能为每一位读过哈佛而后死亡的学生建立遗像，那样的话，哈佛校园不就变成墓园了吗？"

女的很为难地说："校长先生，我们不是要建一座遗像，我们想修建一座大楼来纪念我们的儿子。"

校长很认真地审视了眼前的两人，心里并不确定他们是真的想这样做，还是在拿他开玩笑。听两人淡定而坚定的语气，再看两人穷酸的穿着，校长一时间也无法做出正确的决定了。他摆了摆手说："你们知道建造一栋大楼需要多少钱吗？哈佛的每一栋建筑的价值都超过了750万美元！"

这时候，两人不再说话，只是彼此对望了一眼，叹了一口气。校长的秘书抓紧机会，对两人做出"请离开"的手势，校长也终于松了一口气。两人只能无奈地离开，在走出校长办公室之时，女的对男的说："原来只要区区的750万美元就能够建造一座大楼，我们为什么不修建一座大学来纪念我们的儿子呢？"

说完，斯坦福夫妇就离开了哈佛，来到加州，并且在那里修建了著名的斯坦福大学。

我们知道，能够抓住机遇的人是非常幸运的。然而，自己为什么无法得到幸运女神的眷顾呢？其实，很多时候，可能机遇就摆在我们眼前，只是自己没有抓住罢了。就如同上述故事中的那位哈佛校长。其实，我们每个人一生中可能都会出现几次改变自身命运的机遇，但是常常只有少数的人会抓住这些机遇，并取得了成功。

◎哈佛成功指南

我们的生存环境各不相同，在这一点上，是无法奢望公平的。所以，不管是逆境也好、顺境也罢，青少年最重要的是想方设法来提高自己、完善自己。我曾听一位教授这样讲过："加强自身素质建设，才能让自己站在一定的高度上，才能拥有把握客观规律的能力。"确实是这样的，前面的那位哈佛校长，正是因为自身素质不高，以貌取人，才让机遇白白错失了。如果当时，他能谦逊一点，态度再诚恳一点，就会为学校带来良好的发展机遇。其实，在现实生活中的我们又何尝不是这样呢？往往一次漫不经心，就让你跟机遇失之交臂。

你是生活在未来的人吗？

有一天，朋友邀你周末去春游，你会说：

A．"好吧，车站见。"

B．"让我考虑一下再告诉你去不去。"

C．"我很想去，可是我还有别的安排。"

选择A：无论眼下你正在做什么，只要你喜欢的事物出现，你随时会被诱惑而去，哪怕它是一种冒险游戏。你惯于走任性冲动的路线，所以没少尝挫跌的滋味。三分钟热度，缺乏长远眼光。但是你敢于尝试，常有意外收获。

建议：从现在开始学会做好时间规划。面对干扰，倘若已经完成了既定目标，就允许自己去做，否则就要坚持下去！一段时间以后，你会发现自己对于时间的控制能力有所提高。

选择B：你的生活偶尔也会有计划，但很少能将之付诸实践，计划外的娱乐常常出现。当外界诱惑太强时，往往无法抵抗。遇事能够稍作思考再做决定，不是完全的盲目。

建议：建立监督机制，帮助你制定并实施自己的计划。

选择C：你是一个非常会制订计划的人，并且能严格地将之付诸实际行动。做事之前首先会着眼于未来，三思而后行。这类人决不打无把握之仗，一步一个脚印走好人生之路。

建议：适时地放松一下自己，在严谨的计划中为自己安排一点休息娱乐的时间，可不能过于犹豫而错失良机哦！